我的押花日记

裴香玉 王琪 著

江苏凤凰文艺出版社
JIANGSU PHOENIX LITERATURE AND ART PUBLISHING, LTD

前言 Foreword

押花，或常称为压花，是一种正在被人们了解和喜欢的现代平面花卉艺术。押花发源于植物标本技术。而近现代的押花艺术相比简单的植物标本有了巨大的进步，其目标不再仅仅是保存植物的各部分样貌， 而是更加注重于保持植物尤其是花朵的色彩、形态，并利用干燥的平面押花材料进行各种形式的艺术创作。

押花作为一种艺术形式，发源于欧洲，以英国为盛。随后逐渐传入美国，第二次世界大战之后传入日本。得益于现代干燥剂技术的发展，押花艺术逐渐朝保持原色的方向发展，而不仅仅是把花卉或植物压干，但对其变色、褪色束手无策。

很多人都有过把花朵夹入书或者报纸中压干，然后制作成书签、卡片等小作品的美好回忆。留住四季的花朵与美丽，常常是人们的梦想。如今通过先进的押花技术和手段，压制干燥后的花朵不但颜色和形态不逊于天然的鲜花，而且可以用来制作大到画作，小到耳环、戒指等各种各样的押花作品和艺术品，让很多热爱花卉 、热爱园艺的人得以实现梦想。

本书将系统地介绍花材的压制、保管及不同押花作品的创作，书中的押花教程，也是作者结合日常生活，精选出的具有实用价值和生活美学的押花范例，希望本书能为热爱自然 、喜欢押花的朋友打开一扇探索植物的大门，通过四季收集、压制植物，更好地了解自然、热爱生活，通过制作多样的押花制品，让大家感受押花植物的美妙世界。

目录
Contents

准备花材

制作工具与材料

押花日记里的四季

春季 SPRING

押花日记里的四季

夏季 SUMMER

押花日记里的四季

秋季 AUTUMN

押花日记里的四季

冬季 WINTER

准备花材

制作押花作品之前需要提前准备花材，可以根据自己的需要购买压制好的花材，也可以自己亲手压制。压制花材的过程较简单，对花材进行简单处理后，一般借助押花板来压制花材，压制好的花材需要进行保存。

一、花材的处理

正 向 压 制

1.观察植物自身的构造，选取植物的正面进行压制。

2.从根部剪掉花朵，保持花完好的正面形态。

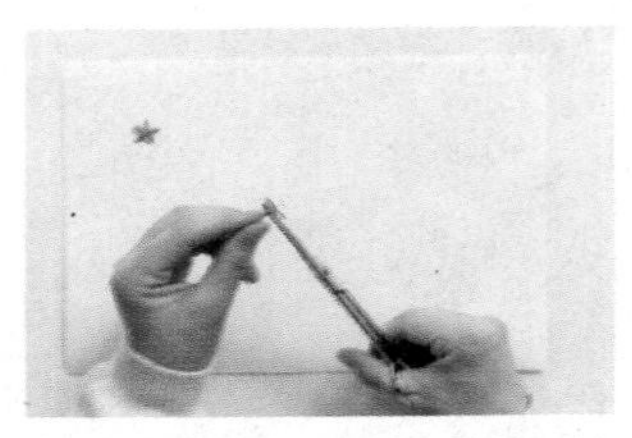

3.一些植物要留取部分花蒂，保持花朵正面完整。

4.小菊花类，注意保留花托，防止花瓣散落。

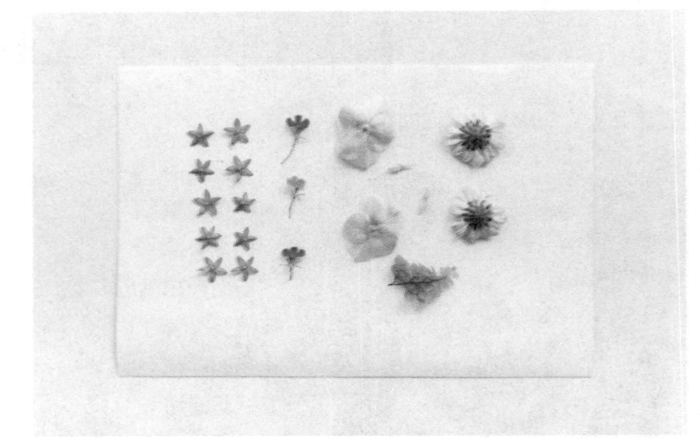

5.处理好的花材一般正面朝下放在吸水纸中，不要互相重叠。

侧 向 压 制

1.筒状花，及一些花朵的侧面需要侧向压制。

2.可用手指指腹对花的形态进行调整。

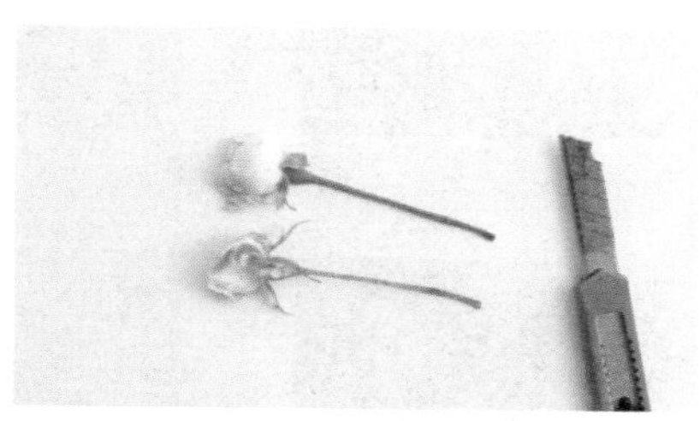

3.较厚的花材可进行适当削薄。

4.将调整好的花或花的侧向放在吸水纸上，互相不要重叠。

带 枝 条 压 制

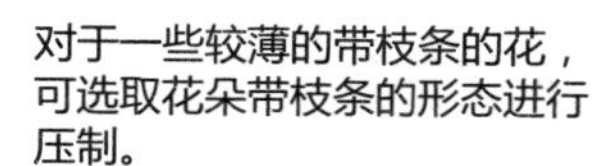

对于一些较薄的带枝条的花，可选取花朵带枝条的形态进行压制。

适 合 押 花 的 常 见 植 物

• 花材

美女樱

六倍利

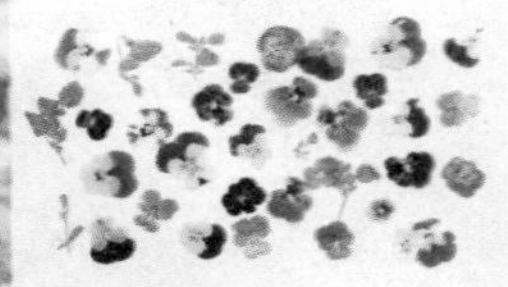

角堇

香雪球

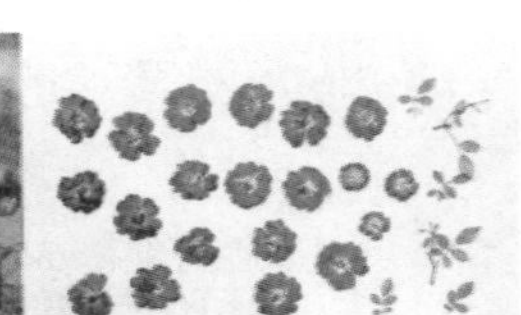

小玫瑰

勿忘我

重瓣翠雀

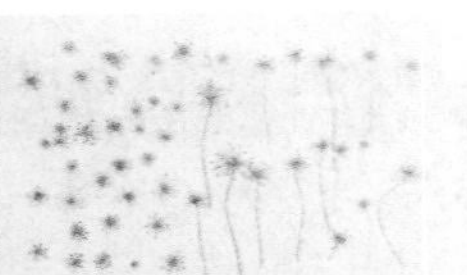

蕾丝花

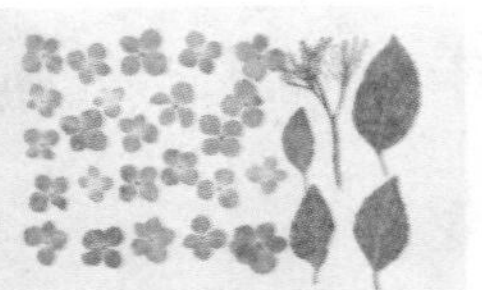

绣球花

翠雀

• 叶子

铁线蕨

乌蕨

翠云草

二、压制花材

压制花材时可用书本简单压制，但借助押花板能更好地压制花材，押花板的原理是将利用强力吸水干燥板，通过木板和绑带施压，使新鲜植物迅速脱水压干，从而尽可能保持植物原有的色泽和形态。押花板一般分为普通押花板和微波押花板。

普 通 押 花 板

普通押花板由木板、干燥板、海绵、绑带组成，是最常用的押花板，适用于压制大多数的植物。

压 制 方 法

1.将押花板中的木板放在最下面。

2.在木板上放海绵。

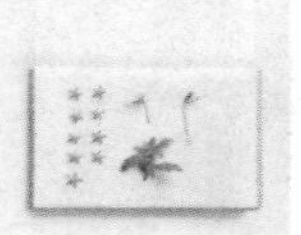

3.在海绵上放吸水纸，在吸水纸上摆放处理好的花材，注意花材之间不要重叠。

4.在摆放好的花材上面再覆盖一层吸水纸。

5.在夹有花材的吸水纸上面放干燥板。

6.在干燥板上面放吸水纸，吸水纸上继续摆放需要压制的植物，并覆盖吸水纸。

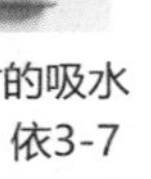

7.在夹有花材的吸水纸上放海绵，依3-7步骤继续放需要压制的植物。

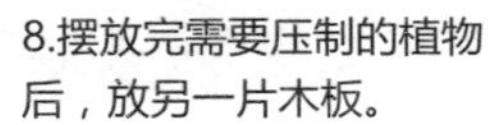

8.摆放完需要压制的植物后，放另一片木板。

9. 用绑带施压固定押花板。

10.将押花板放入自封袋中，排出空气，2～5天后植物可彻底干燥。

Tips: 押花板根据样式设计不同，使用方法会略有不同，具体使用请参照所购买押花板的使用方法。

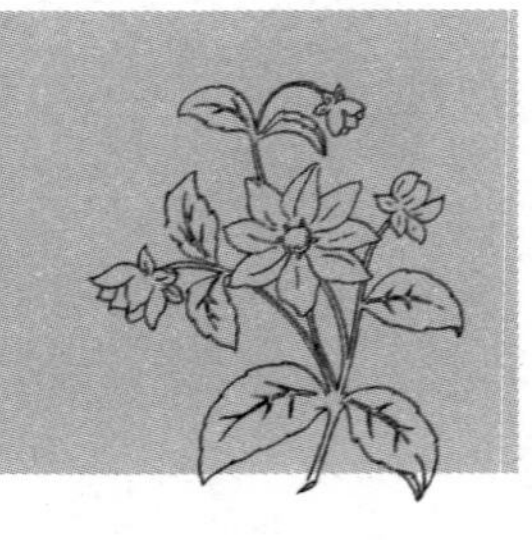

微 波 押 花 板

微波押花板适用于兰花等部分花材，需要借助微波炉使花材迅速脱水至八九成干，再与普通押花板配合使用干燥植物，针对部分花材，微波押花板可起到使压制植物颜色更接近原色的效果。

压 制 方 法

1.将一张塑料透气板放在最下面，在透气板上放毛毡。

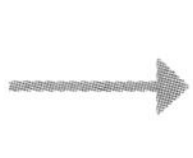

2.在毛毡上放棉布（棉布可使用无花纹的面巾纸代替），在棉布上摆放处理好的花材，注意花材之间不要重叠。

3.摆放好的花材上面再覆盖一层棉布。

4.在棉布上面再放另一张毛毡。

5.毛毡上面放另一张塑料透气板，将卡扣卡在微波压花板两端，固定毛毡中间夹的花材。再将其放入微波炉，高火微波20-50秒。

6.微波后快速将夹花材的棉布取出，轻轻将覆盖在花材上的一层棉布取下让花材透气。

7.检查微波后植物的干燥度，如已八至九成干即可取出。

8.对于一次微波干燥度不够的植物需要再次微波，擦掉塑料透气板上的水蒸气。

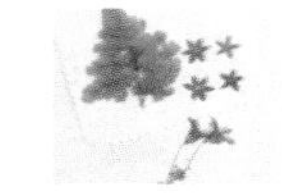

9.重复1～8步骤，直至花材八至九成干。

10.将微波到八至九成干的植物放入普通压花板中继续压制半天到一天，待植物彻底干燥。

Tips: 微波押花板一般均使用高火，在微波炉中时间的长短根据花材的薄厚、含水量的多少以及微波炉的功率效果不同，需要尝试并进行调整，一般初次微波一种植物以30～50秒之间尝试为佳。

三、保存花材

压制好的花材需要妥善保存，尽量保持干燥，隔绝空气中的水分和紫外线照射，保存好的花材可以数十年保持其形态与色泽。

此方法需要密封盒、变色硅胶、自封袋、硫酸纸。

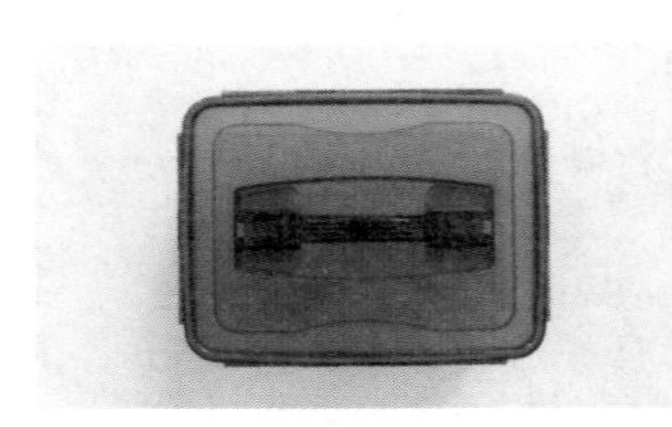
密封盒

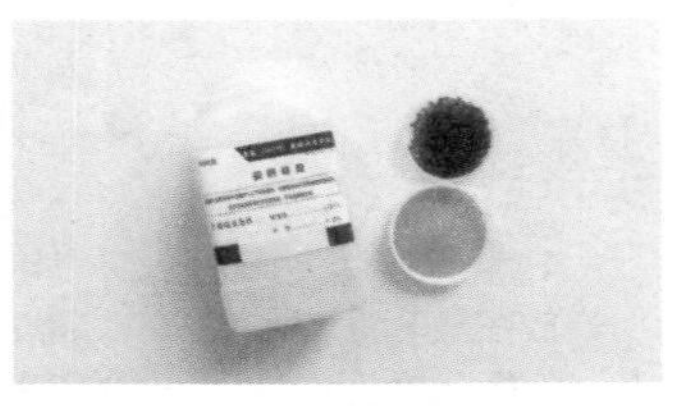
变色硅胶

白封袋

硫酸纸

• 使用方法

1.将压制好的花材用硫酸纸（其他半透明纸可替代）包好。

2.将包好花的纸袋放入自封袋中。

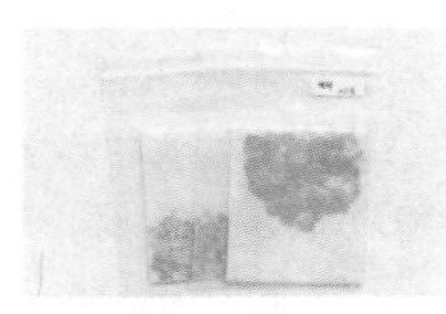
3.可在自封袋上贴标签注明植物的来源、压制时间。

4.将硅胶装入纱袋中。

5.将封好的花材放入密封盒中，并放入硅胶干燥剂。

6.盖上密封盒盖子，密封盒中的硅胶干燥剂需要定期进行再干燥。

花材保管袋保存法

花材保管袋由自封袋，透明可视纸夹、干燥板组成。

花材保管袋

使用方法

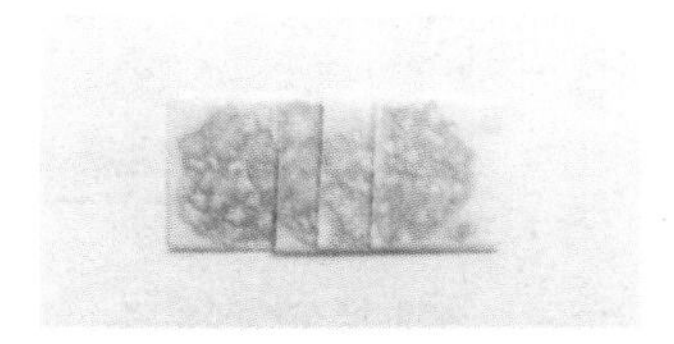

1.将压制好的花材用硫酸纸（其他半透明纸可替代）包好。

2.将包好花的纸袋按照个人习惯分类放入透明可视纸夹中。

3.将放好花材的透明可视纸夹、干燥板放入自封袋，排出空气封好，干燥板需定期取出再干燥。

4.在潮湿地区，为更好地保持干燥环境，可将花材保管袋放入密封盒中。

制作工具与材料

制作工具

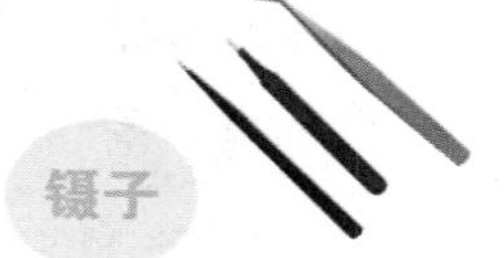

用来夹取花材，有尖头、平头、押花专用弯头镊子之分。

用来修剪花材。

用来预处理花材、裁切卡纸等。

用来粘贴花材时蘸取花胶或白乳胶。

用来制作押花背景。

用来粘贴花材，快干黏性好。

用来粘贴花材，使用时需要少量。

用在一些较大面积的物体上粘贴花材。

辅助押花作品贴膜，使效果更自然。

用来熨烫热烫胶膜、热熔胶膜在押花作品表面。

可快速固化UV胶。

固化UV胶。

背景制作材料

硬卡纸

最常用的押花背景材料，可裁切为书签、卡片等。

日式典具纸

搭配押花作品做背景，为作品增色。

日式手染和纸

搭配押花作品做背景，为作品增色。

其他手工特种纸

搭配押花作品做背景，为作品增色。

空白开窗贺卡

制作押花贺卡。

金银色贴纸

用来点缀押花作品效果、凸显主题。

日本极薄和纸

用来和花胶配合使用，使花材呈现自然质感。

和纸胶带

点缀、装饰押花作品。

作 品 保 护 材 料

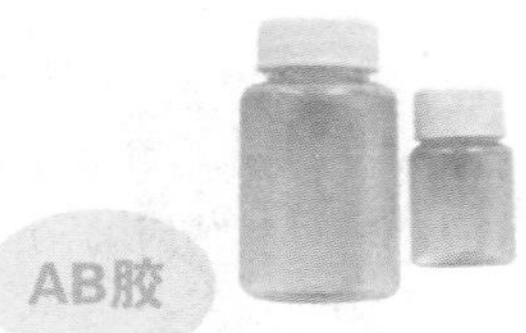

AB胶

由A胶和B胶组成，使用时需按一定比例混合，固化需静置24小时或以上。

韩纸膜

具有半透明效果的韩纸贴膜，可与花胶配合使用，使作品有特殊效果。

UV胶

在紫外光中会固化，固化速度快，用于制作滴胶押花饰品、物品。

中性玻璃胶

可替代花胶。

花胶

押花专用胶，用来粘贴花材、保护花材、制作花贴等。

铝箔胶膜+干燥板

简易密封材料，用于对押花画框密封。

热烫胶膜

也叫洞洞膜，需要用过塑机或熨斗加热，有较好的延展性，可广泛适用于纸、布、木头等表面的押花作品。

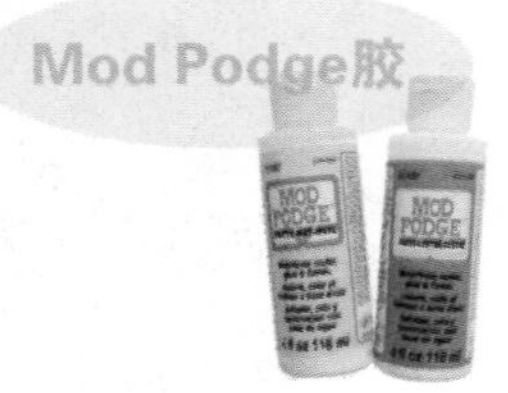

Mod Podge胶

也称摩宝胶，有哑光剂和亮光剂之分，用来在玻璃、亚克力、瓷器等表面粘贴花材、保护花材。

冷裱膜

最常用的押花保护膜，有哑光和亮光之分，适用于较薄花材制作的押花作品。

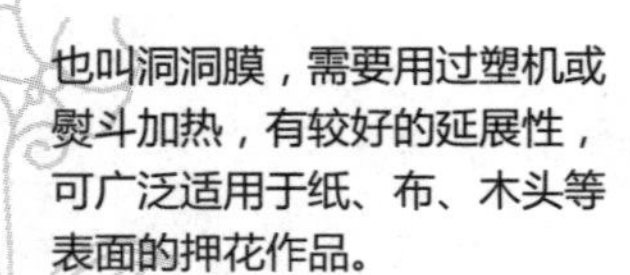

春季

押花日记里的四季

复古蔷薇手持镜

/创作者 裴香玉

• 花材

微型月季、月季叶子、珍珠梅、豌豆尖卷须。

• 工具与材料

剪刀、镊子、花胶（白乳胶可替代）、布用酒精胶、铅笔、橡皮、白色棉布、热烫胶膜、复古镜底托。

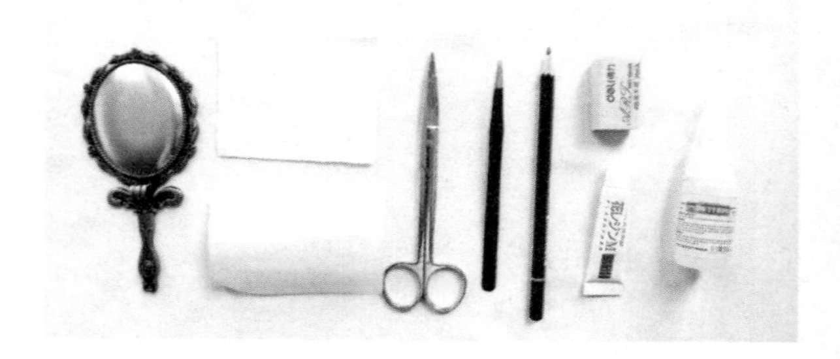

制作步骤

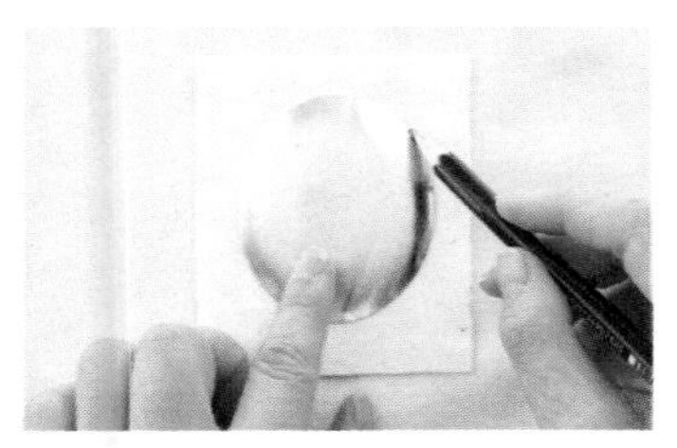

1 选择适宜颜色的棉布做背景，用铅笔沿复古镜配套的铝片大小在布上轻轻画出轮廓。

2 在画好的范围内构图，先摆放3～4朵微型月季花朵作为主花。

3 在花朵周围添加月季的叶子。

4 在花朵、叶子周围添加珍珠梅花苞，丰富画面。

5 添加豌豆尖的卷须，点缀整体画面，完成构图。

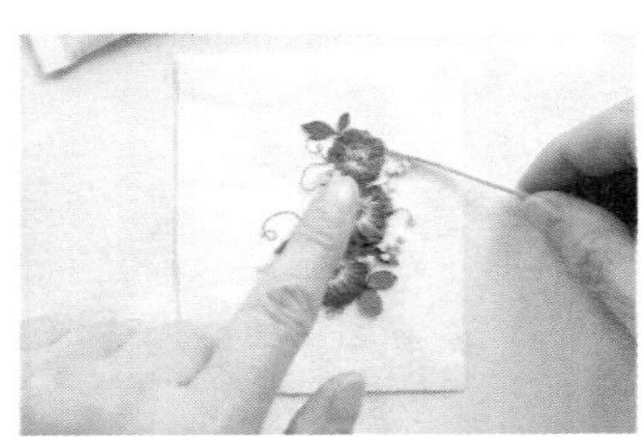

6 用牙签蘸取少量花胶将花材按照构图粘贴在布上。

7 用橡皮将铅笔画的痕迹擦掉。

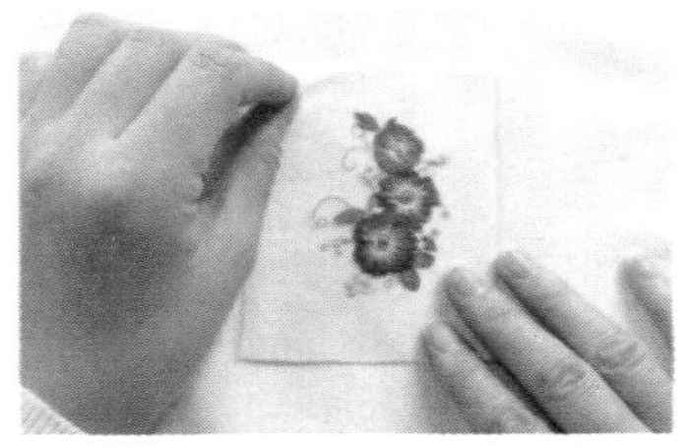

8 待花胶干燥，在粘好花材的布上覆盖热烫胶膜。

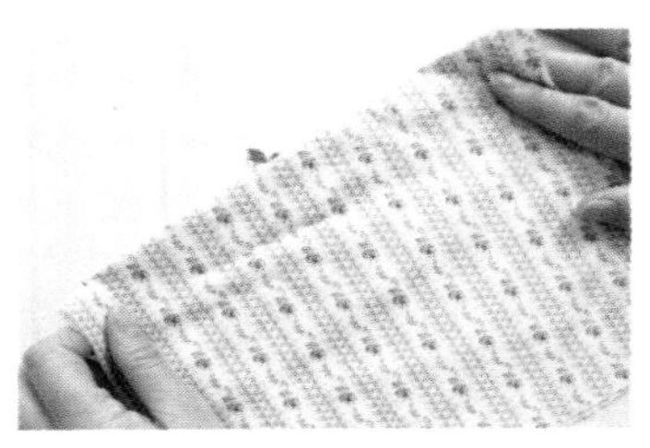

9 在覆膜的卡片上放一层棉布，防止胶膜烫糊。

· 制作步骤

（续上）

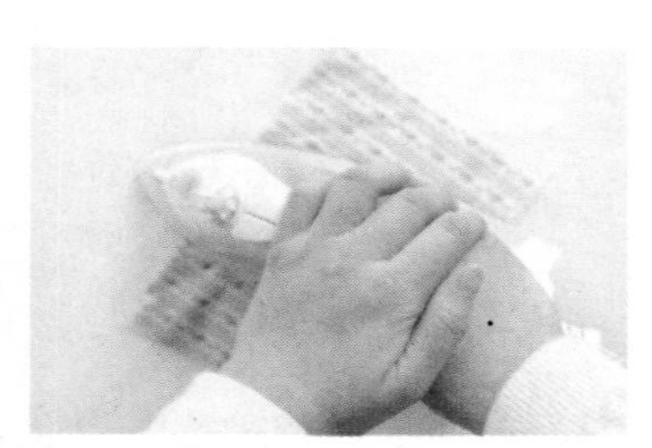

10 隔棉布用熨斗将热烫胶膜粘贴在押花画面上，熨斗的温度在中高温（或者棉布档），时间在5～6秒左右。

11 用手指指腹隔棉布抚平胶膜，挤压空气，可依照步骤10重复熨烫几次，直至热烫胶膜的气孔全部消失，胶膜与布完全贴合。

12 用剪刀沿着距押花画面5～8mm的距离剪下多余的布。

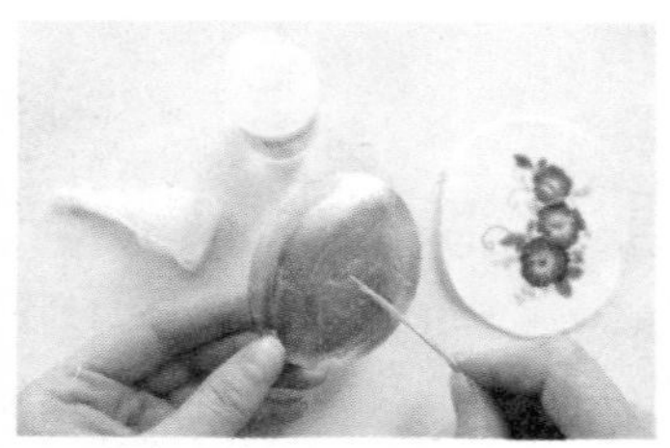

13 在铝片上涂上薄薄一层布用酒精胶，注意不要涂太厚，避免胶透过棉布。

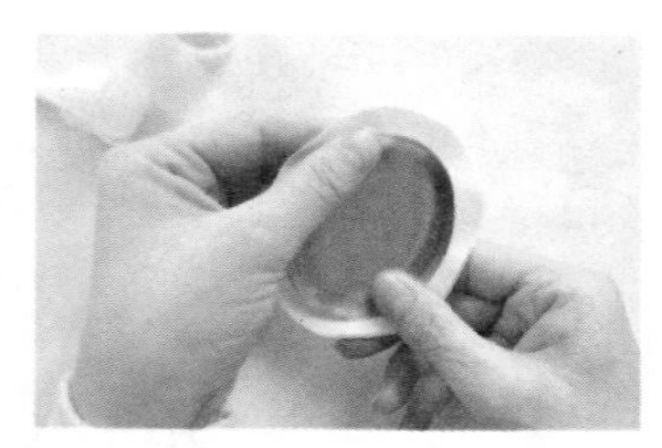

14 将布与铝片粘合，粘贴时注意调整，押花画面应按构图在铝片的适宜位置，不要偏移。

15 用剪刀在铝片周围多余的布上剪开，宽度在3～5mm左右。

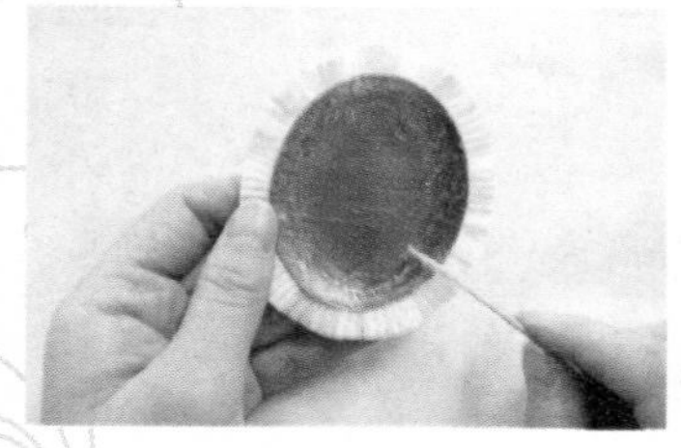

16 在铝片的背面边缘涂布用酒精胶。

17 用手指将垭口布条按在铝片的背面粘贴。

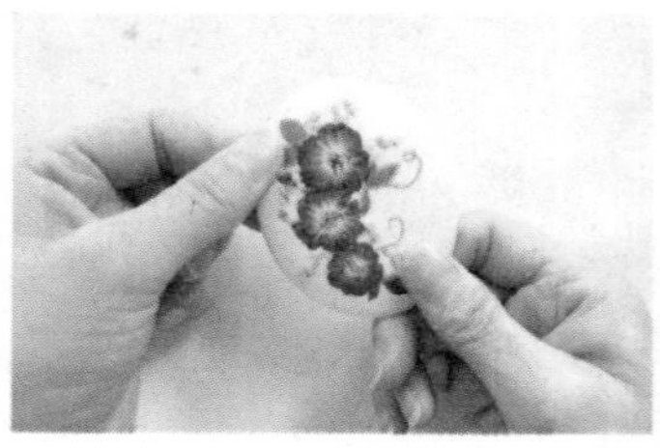

18 全部粘贴好后，用手指指腹将铝片边缘的布多按几遍，使布的边缘紧紧粘贴在铝片上。

制作步骤

（续上）

19 在镜子底托凸出的边缘涂一层酒精胶。

20 将制作好的押花铝片粘贴在镜子底托上，待胶干燥。

21 复古押花手持镜完成。

Tips: 棉布可用其他有延展性的材料替代。

樱花胸针

/创作者 裴香玉

花材

压制好的樱花（其他如银杏叶、绣球等花型好看的花、叶均可）。

工具与材料

剪刀、镊子、毛笔、UV灯、硅胶垫、过塑护贝膜、UV胶、E600胶、胸针底托。

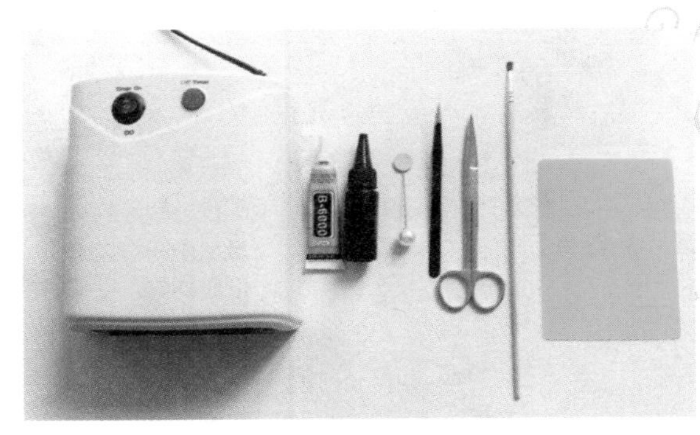

制作步骤

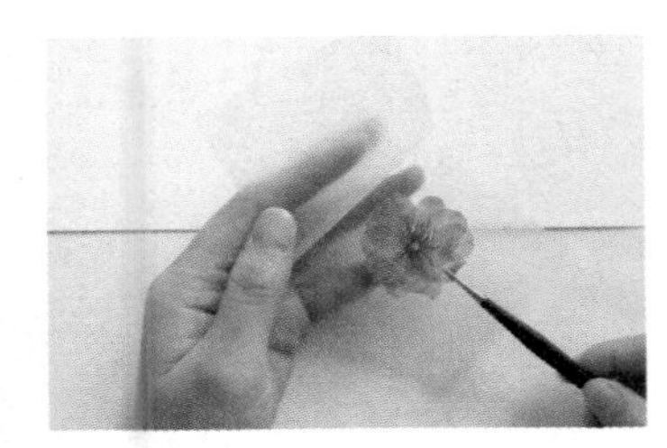

1 在过塑护贝膜中放入樱花。

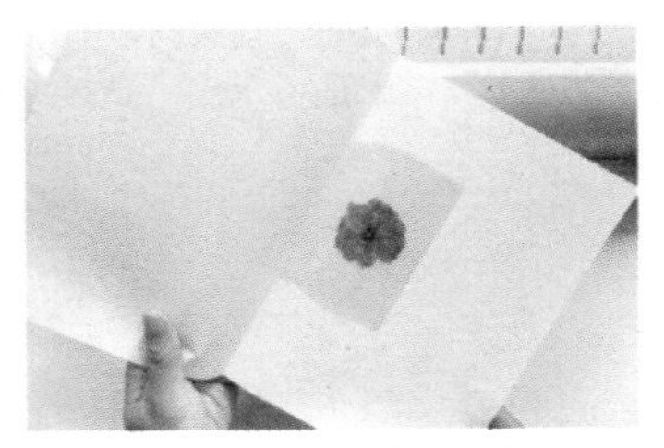

2 空白复印纸对折，将放好花的过塑护贝膜放在折好的复印纸中。

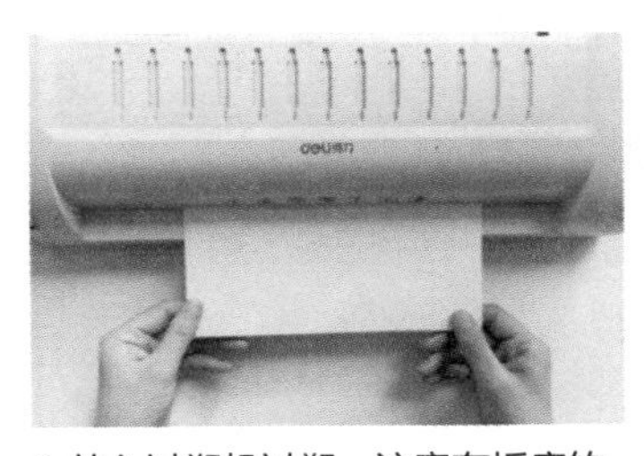

3 放入过塑机过塑，注意有折痕的一面先放入过塑机。

制作步骤

（续上）

4 用剪刀将过塑好的樱花沿花朵边缘1mm处剪下。

5 在过塑好的花朵正面滴UV胶，注意从中间往边缘滴，用毛笔调整，使胶均匀、完整的覆盖花材。

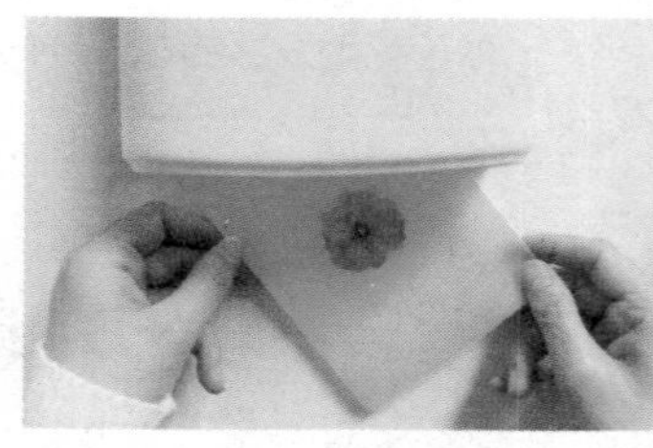

6 滴好胶的花材放入UV灯下固化。

7 依照同样方法在花材背面滴UV胶。

8 用毛笔调整UV胶，使胶均匀、完整地覆盖花材背面。

9 放入UV灯下固化。

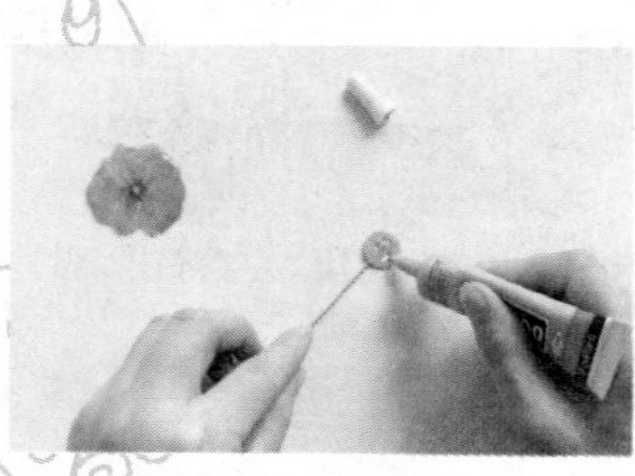

10 在胸针底托上均匀地挤E600胶。

11 在滴好胶的樱花背面选取适当位置粘上胸针底托，待胶充分干燥。

12 押花胸针完成。

Tips:

1.过塑是为了防止UV胶腐蚀花材，出现透胶的现象，亦可在花材上直接滴胶。

2.该方法更换配件，可用于设计制作项链吊坠、耳坠等多种饰品。

蔷薇花园卡片

/创作者 王琪

春日花园里的蔷薇，
盛开在手中的卡片上。

花材

小蔷薇花朵、叶片、美女樱。

工具与材料

剪刀、镊子、押花专用白乳胶（手工白乳胶可替代）、离型纸、白色卡纸、简单卡纸相框、透明胶膜（冷裱膜）、木纹和纸胶带、蕾丝和纸胶带、金色英文贴字。

制作步骤

1 将白色底卡纸裁剪成适合相框内径大小的尺寸，在底卡纸中间用铅笔轻轻画一个比卡纸相框的开口稍大的框。

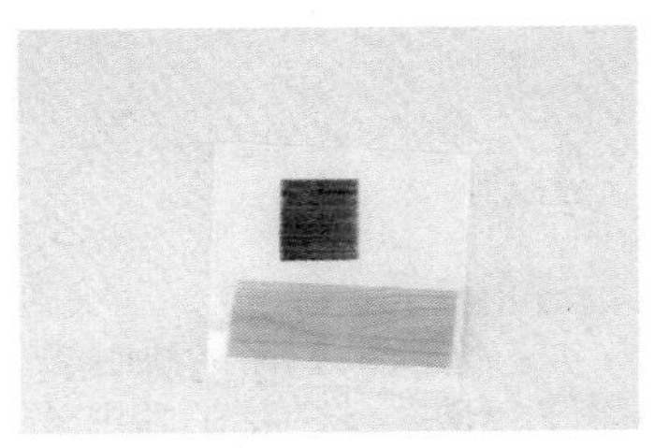

2 剪两段深浅不同的木纹和纸胶带，贴在离型纸上。

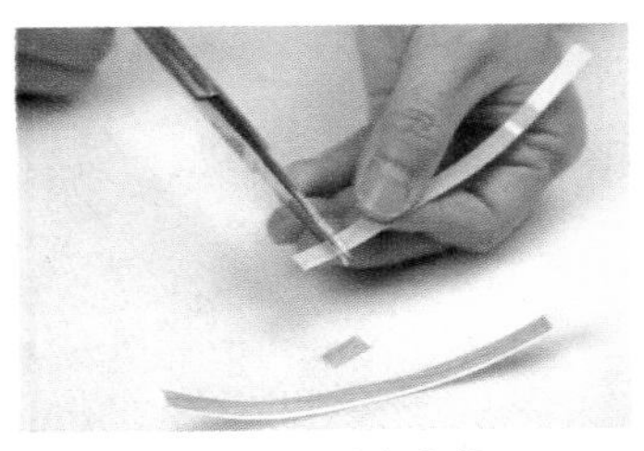

3 将和纸胶带剪成小长条块。

· 制作步骤

（续上）

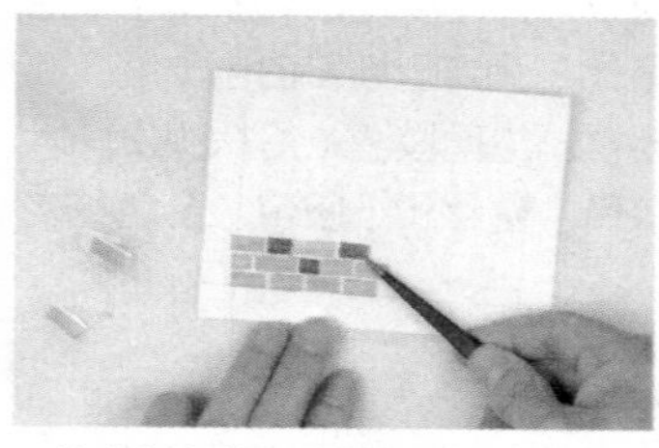

4 将小长条的和纸胶带贴于画面下方三分之一处，两种颜色间杂，组成类似红砖花台的效果。

5 贴完的花台。

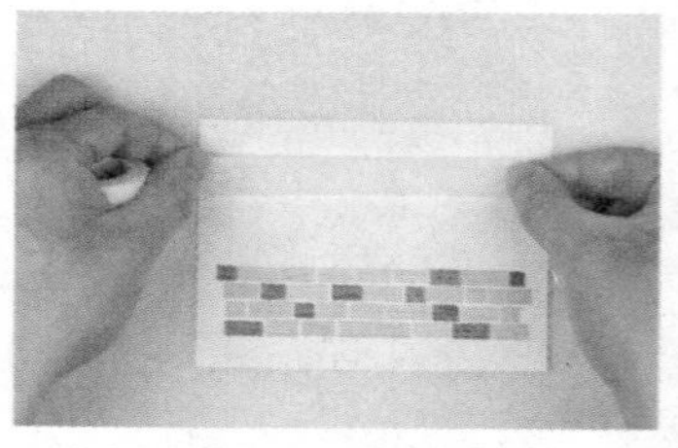

6 底卡纸上方贴一条透明蕾丝和纸胶带，作为装饰。

7 在花台上放置三朵小蔷薇花朵，稍高低错落一点。

8 在蔷薇花朵周围配置叶片，使画面显得自然生动。

9 在花叶之间再点缀几朵漂亮的美女樱，丰富画面和色彩。

10 用少量白乳胶将构好图的花材粘住，在花台上方空白处，添加祝福的英文贴纸。

11 剪一块稍大于卡片的透明胶膜，揭开透明胶膜一端的底纸，贴在卡片的一端。

12 揭掉其余的底纸，将胶膜平整贴在卡片表面。用指腹按压花朵的边缘，使胶膜与卡片的贴合更为紧密。

制作步骤

（续上）

13 修剪掉边缘多余的胶膜。

14 将做好的押花底卡装入简单卡纸画框，背面用胶水稍微固定一下，一张可爱的蔷薇花园卡片就制作完毕。

Tips: 在底卡纸上画框可以定好作品的位置，防止组装作品后才发现作品与相框位置错位；框的大小要比卡纸相框的开口稍微大一点点，这样作品组装后，铅笔线不会露在外面。

角堇押花吊牌

/创作者 王琪

花材

角堇花朵、勿忘我。

工具与材料

剪刀、镊子、押花专用白乳胶（手工白乳胶可替代）、双面胶、白色卡纸、透明胶膜（冷裱膜）、透明英文纸条、剪贴簿底纸。

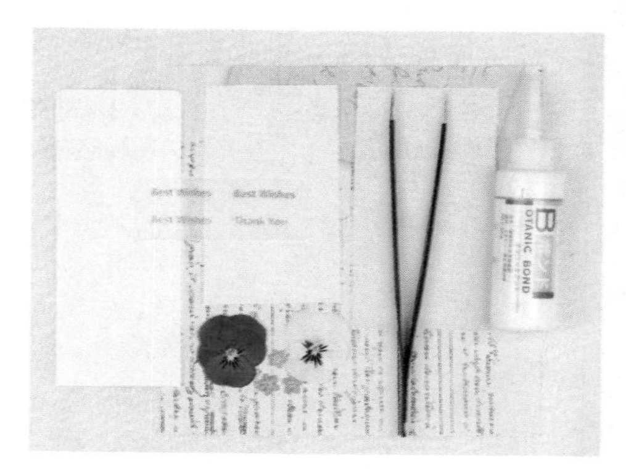

制作步骤

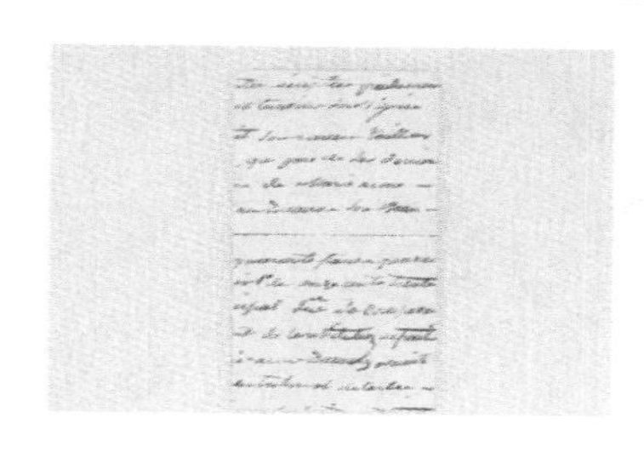

1 剪一块比吊卡底卡纸稍大一点的双面胶。

2 用双面胶将英文的剪贴簿底纸贴在吊牌底卡纸上。

制作步骤

（续上）

3 在做好的英文底卡纸上，中间偏上的部位，稍倾斜贴一张透明英文纸条。

4 在英文纸条的上下两边放置两朵角堇花朵，花朵稍倾斜，会显得比较生动。

5 在花朵以及英文纸条附近再点缀几朵勿忘我花朵，用少量白乳胶将构好图的花材粘住。

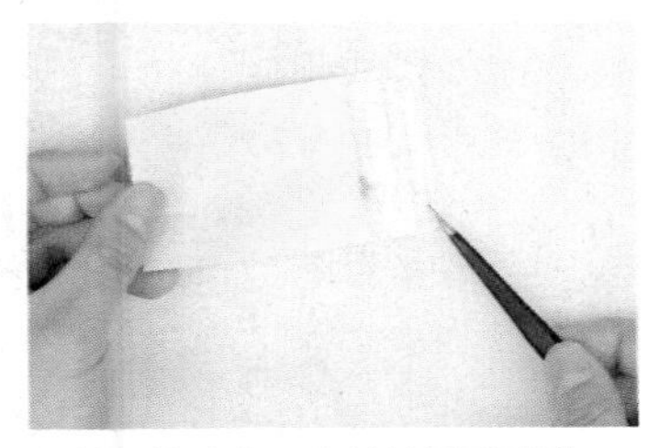

6 剪一块稍大于卡片的透明胶膜，揭开透明胶膜一端的底纸，将透明胶膜贴在卡片的一端。

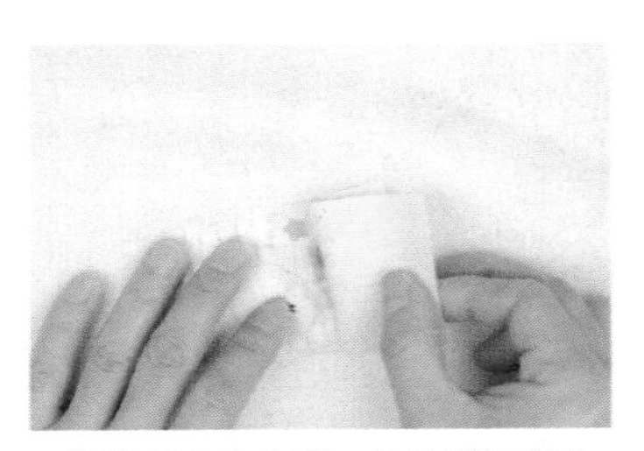

7 揭掉其余的底纸，将胶膜平整贴在卡片表面，并用手指压平压紧。

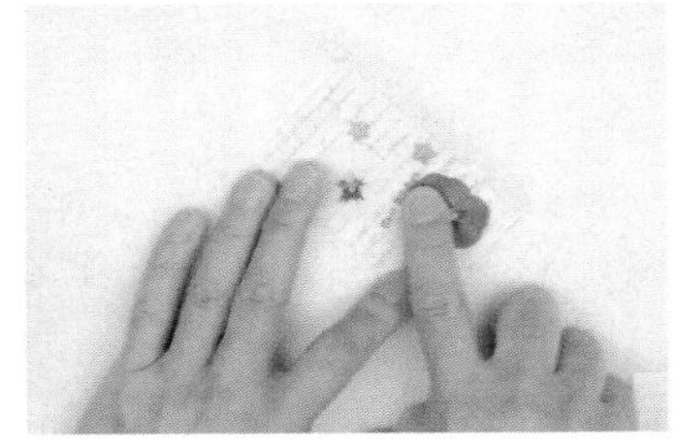

8 用指腹按压花朵的边缘，使胶膜与卡片的贴合更为紧密。

9 修剪掉边缘多余的胶膜。

10 将卡片上面两个角切掉，一张可爱的押花吊牌就制作完毕。

角堇押花画框

/创作者 王琪

花材

角堇各色、美女樱各色、勿忘草、蕾丝花、绣球花白色粉边、唐松草叶、白晶菊花朵、木绣球、六倍利。

工具与材料

镊子、押花专用白乳胶（手工白乳胶可替代）、白卡纸、英文和纸胶带。

制作步骤

1 剪一段完整的英文和纸胶带，贴在普通白纸上。

2 沿着英文框的边缘仔细剪下。

3 将英文框贴在底卡纸中间。

制作步骤

（续上）

4 在英文的下面放置三朵色彩鲜艳的角堇花朵，注意花朵的朝向。

5 上方同样放置两朵角堇花朵。

6 在角堇的周围配置绿色唐松草叶片。

7 在下方的角堇两边添加六倍利。

8 在角堇花朵中间插入白晶菊花朵，营造层次感。

9 继续添加白色粉边绣球花。

10 添加蕾丝花。

11 再点缀色彩鲜艳的美女樱，使画面颜色更为丰富。注意整体色彩的和谐。

12 在构图中添加勿忘草的小花朵，填补空缺的地方。

制作步骤

（续上）

13 在空白处摆放一朵勿忘草花朵，类似花朵飘落的感觉。

14 在空间散布几朵绿色的小木绣球花，丰富画面和色彩。

15 用少量白乳胶将构好图的花材粘住，密封处理后可放置于画框中长久保存并欣赏（密封处理方法参看第28~29页）。

Tips: 中间的英文和纸可替换成自己喜欢的照片，做成独一无二的相框。

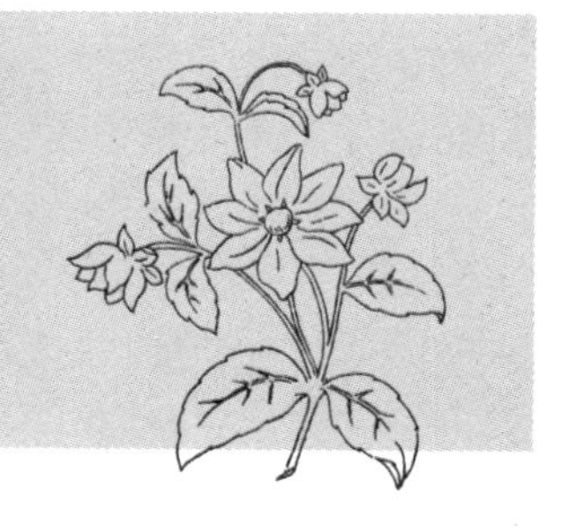

清新押花笔记本

/创作者 裴香玉

花材

翠雀花花苞、花朵、叶子、花枝。

工具与材料

剪刀、镊子、花胶、布蕾丝胶带、空白布面笔记本、韩纸膜 。

制作步骤

1 将带花苞的翠雀花枝条放在笔记本上，设计一个自然状态的翠雀押花构图。

2 添加翠雀花的枝条、花朵、花苞，完成构图。

3 用牙签蘸取少量花胶将摆好的花材粘贴在笔记本上。

制作步骤

（续上）

4 将韩纸膜剪成笔记本大小。

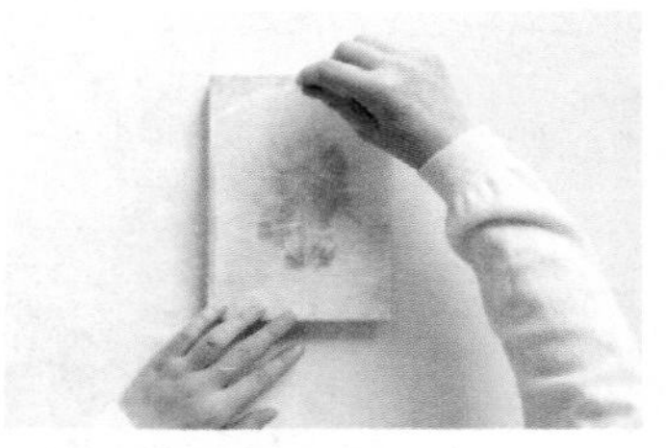

5 将韩纸膜覆盖在笔记本上。

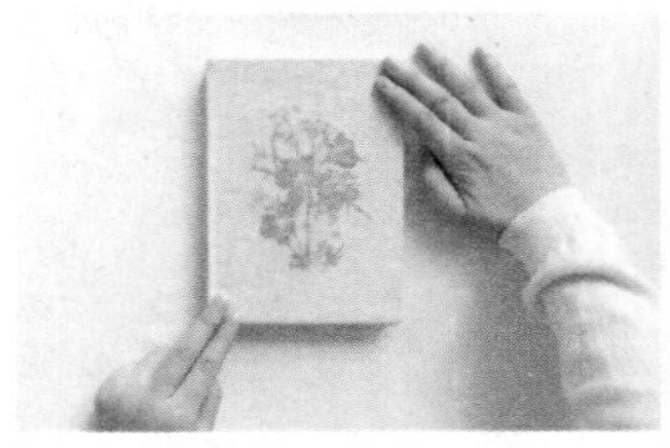

6 用手指指腹将韩纸膜慢慢抚平，使其完全贴合在笔记本上。

7 用布蕾丝胶带做一个边框装饰，将布蕾丝在笔记本上量取适宜长度用剪刀剪下。

8 如布胶带太宽，可用剪刀剪窄一些。

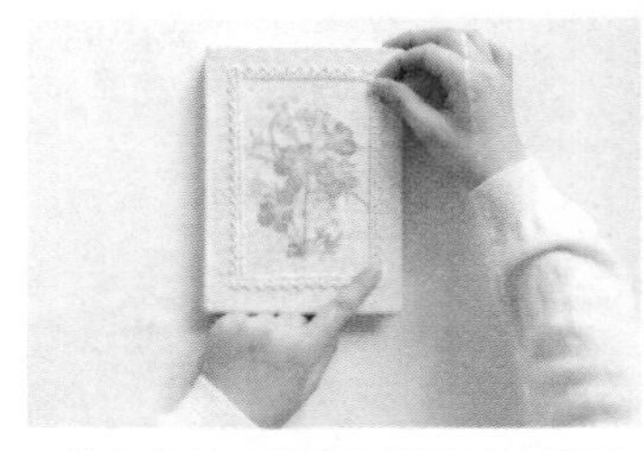

9 将布蕾丝胶带按照设计的边框形状贴在笔记本上。

10 挤适量的花胶在食指指腹。

11 用指腹将花胶均匀涂在覆盖了韩纸膜的花朵、叶片上，涂抹了花胶的花朵、叶子自然而清晰地显现出来。

制作步骤

（续上）

12 待表面的花胶充分干燥，押花笔记本完成。

Tips:

1.韩纸膜可用热烫胶膜替代。
2.布蕾丝胶带是作为押花装饰的一个元素，可设计其他元素来装饰押花 。

小玫瑰花束

/创作者 王琪

花材

小玫瑰或小蔷薇花朵各色、小玫瑰叶片、小玫瑰花苞、白晶菊花朵、角堇花枝。

工具与材料

镊子、押花专用白乳胶（手工白乳胶可替代）、白卡纸、金色英文贴纸。

制作步骤

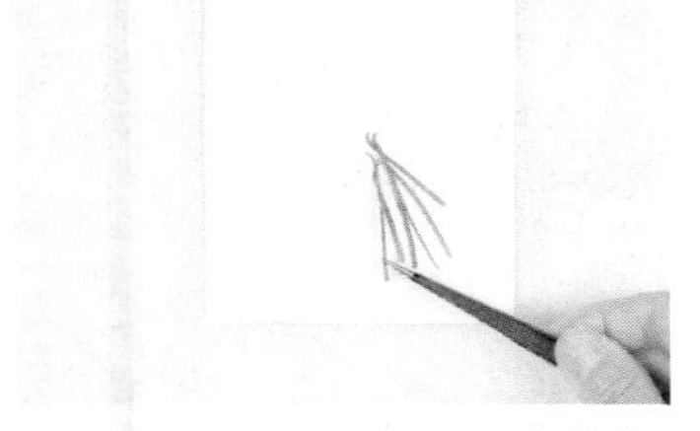

1 在底卡纸的右下部分，用角堇花枝构建花束的把手。

2 在画面的中间至左上部分，放射状排列小玫瑰叶片，构建花束的外框架。

3 在叶片中间均衡放置三朵小玫瑰花苞。

4 在花束中间偏上的部分，放深浅两色的玫红色小蔷薇，花朵稍微重叠一点点。

5 在中间焦点位置，放置最鲜艳的一朵红色小玫瑰，作为焦点花。

6 将白晶菊花朵穿插放置于小玫瑰花朵之间，营造层次感。

7 画面左下方空白的地方，可以选择合适的金色英文贴纸贴上。

8 在文字上方，用两片小玫瑰花瓣拼成爱心的形状。

9 用少量白乳胶将构好图的花材粘住，密封处理后可放置于画框中长久保存并欣赏（密封处理方法参看第28~29页）。

勿忘我画框

/创作者 王琪

· 花材

勿忘我花枝及叶片。

· 工具与材料

镊子、押花专用白乳胶（手工白乳胶可替代）、复古英文底纸。

· 制作步骤

1 首先在卡片上放两枝较长的勿忘我花枝，决定整个作品构图的高度。

2 在左侧添加一枝弯曲有弧度的勿忘我花枝，决定作品构图的左侧范围。

3 同样在右侧添加几枝勿忘我花枝，决定作品构图的右侧范围。

制作步骤

（续上）

4 在花枝的下方添加叶片，遮盖住花枝的末端。

5 为了构图好看，叶片可以适当多一些，并且可以通过精心的摆放，显示出花枝从叶片中长出来的效果。

6 决定好构图范围之后，就可以在范围内继续添加花枝，使画面丰满而不凌乱，构建植物自然生长的画面。

7 为了营造出层次感，花枝的数量可以适当多一些，并且高低错落，有部分交叉重叠，并注意线条的方向感，力求自然和谐。

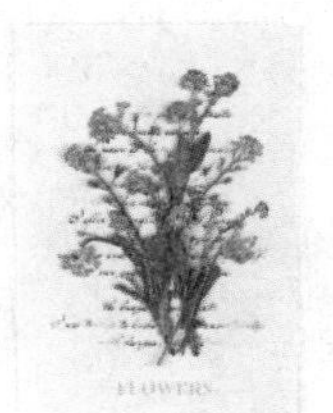

8 用少量白乳胶将构好图的花材粘住，密封处理后可放置于画框中长久保存并欣赏（密封处理方法参看第28~29页）。

Tips: 作品中用到的复古英文底纸，可以使用各种复古剪贴簿纸，或者购买市售卡片，也可以自己用电脑软件排版制作。

春日气息花束

/创作者 王琪

百花齐放的季节，

为自己做一束富有春日气息的花束。

花材

飞燕草花朵各色、风船葛叶片、白晶菊花朵、美女樱各色、勿忘我花枝。

工具与材料

镊子、押花专用白乳胶（手工白乳胶可替代）、白卡纸、彩色报纸（或剪贴纸）、彩色麻绳。

制作步骤

1 彩色报纸裁成方块状，将两边折叠起来成蛋筒状。

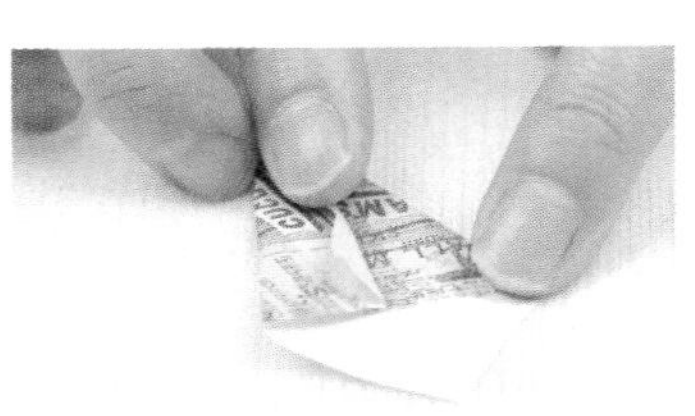

2 一边再翻折一点。

3 折好的蛋筒放在底卡纸的靠下方位置，稍倾斜。

4 在蛋筒上方放置线条优美的勿忘我花枝，成放射状，构建花束的外部轮廓。

5 蛋筒的开口部位，用风船葛叶片放射状排列，并遮盖勿忘我花枝的末端。

6 在风船葛叶片上配置几朵色彩鲜艳的重瓣飞燕草花朵。

7 在飞燕草中间穿插摆放白晶菊花朵，形成层次感，并提亮色调。

8 在花束上方，再穿插摆放勿忘我的短花枝，形成层叠的效果，使花束显得丰满。

9 在作品的右下角，摆放几朵色彩鲜艳的美女樱花朵，填补空白，并丰富作品色彩。

10 在蛋筒上添加彩色麻绳做成的蝴蝶结。

11 用少量白乳胶将构好图的花材粘好，密封处理后可放置于画框中长久保存并欣赏（密封处理方法参看第28~29页）。

夏季

押花日记里的四季

初夏押花项链

/创作者 裴香玉

初夏，
蓝白色的押花项链，
透露着一股清凉。

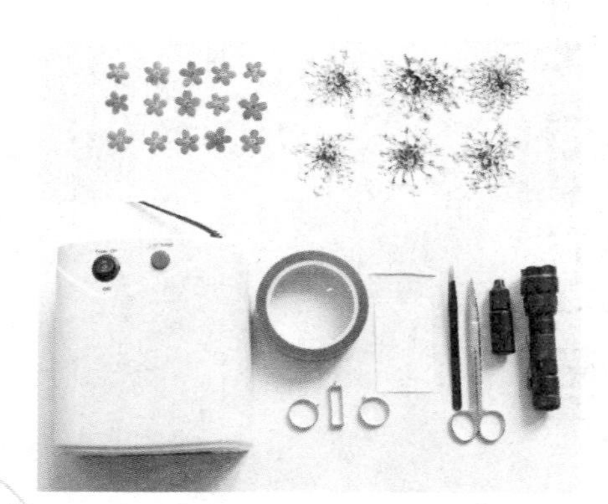

花材

勿忘我花朵、蕾丝花。

工具与材料

剪刀、镊子、牙签、UV手电筒、UV灯、卡纸、滴胶用胶带（硅胶垫或离型纸可替代）、UV胶、镂空金属框。

制作步骤

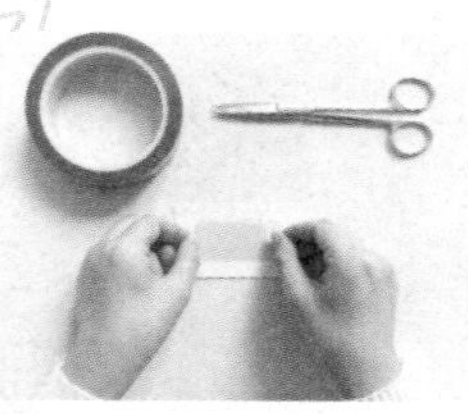

1 将滴胶用胶带粘贴在卡纸上，制作成一个简单的滴胶工作台（硅胶垫或离型纸可替代）。

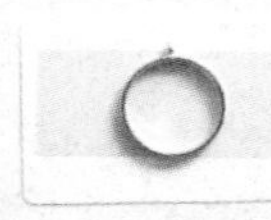

2 将镂空金属框放置在胶带上。

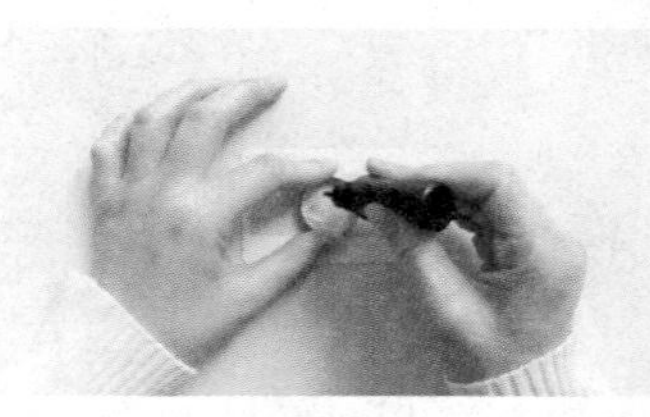

3 一只手按住金属框使其不要挪动，另一只手将UV胶挤在金属框里，胶的厚度在金属框厚度的约1/3～2/5处。

制作步骤

（续上）

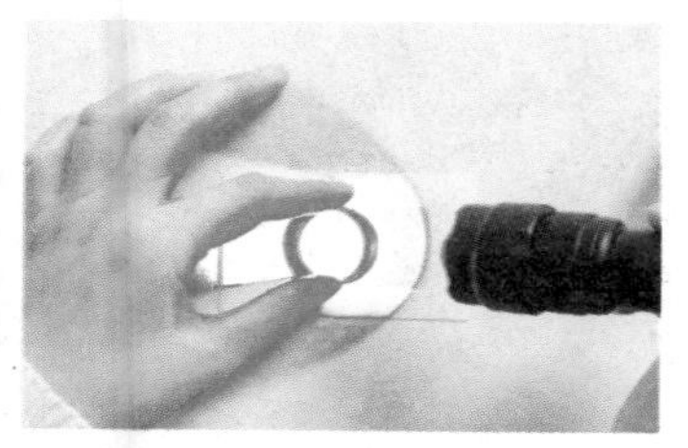

4 使用UV手电筒照射金属框，使UV胶固化至不流动。

5 在金属框内挤少量UV胶。

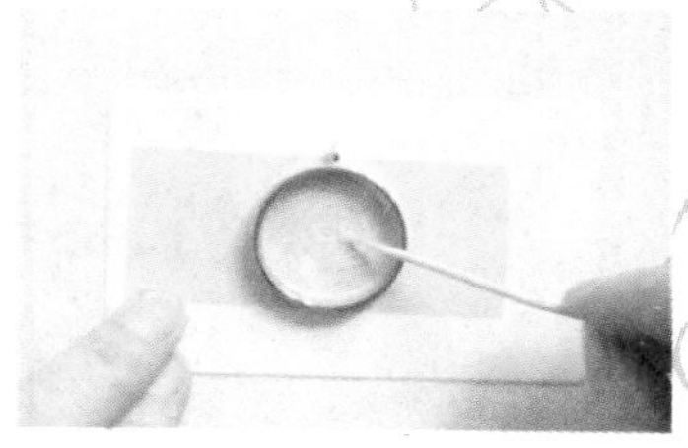

6 用牙签将UV胶均匀涂开。

7 在金属框内放入蕾丝花。

8 在蕾丝花周围均匀摆放勿忘我搭配，完成镂空金属框内的押花设计。

9 用UV手电筒照射金属框，使UV胶固化至不流动。

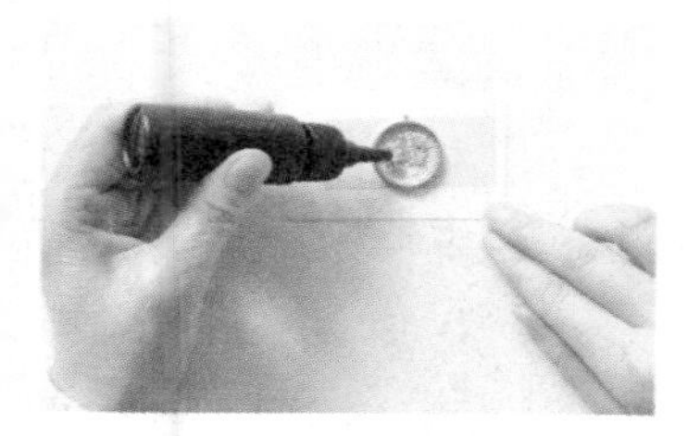

10 在镂空框中继续慢慢滴UV胶，直至滴满镂空框，表面平整。

11 将滴好胶的镂空金属框放入UV灯中照射，使UV胶完全固化。

12 押花项链吊坠完成。

押花风铃

/创作者 裴香玉

绣球与风铃，

美丽的花与清脆的风铃声演奏出了属于夏天的乐章。

花材

颜色漂亮的绣球花若干。

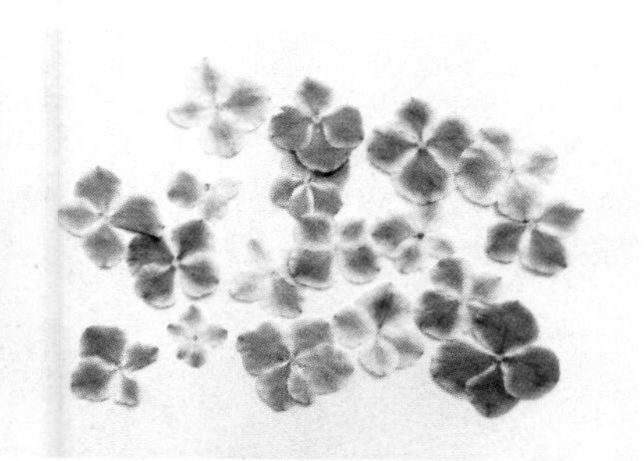

工具与材料

剪刀、镊子、棉签、Mod Podge胶（亮光剂）、毛笔、过塑护贝膜、打孔器，透明玻璃风铃。

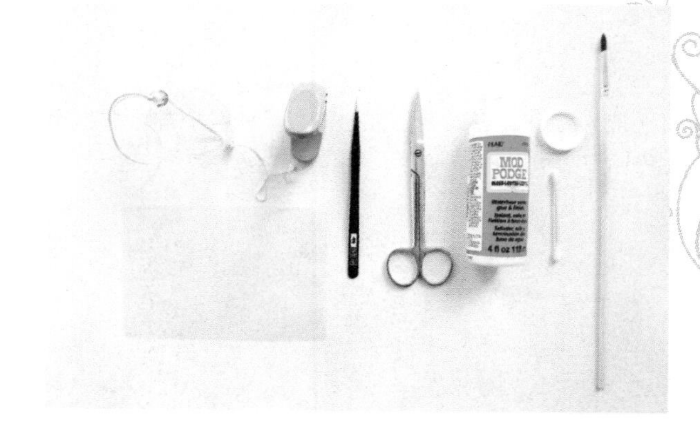

制作步骤

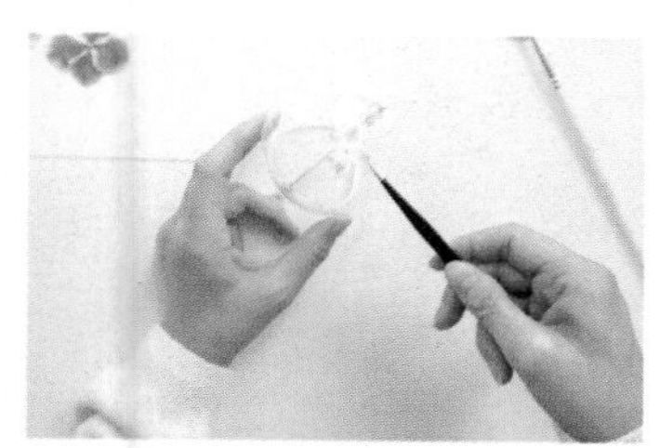

1 将绣球花摆放在透明风铃上，设计好风铃上的构图。

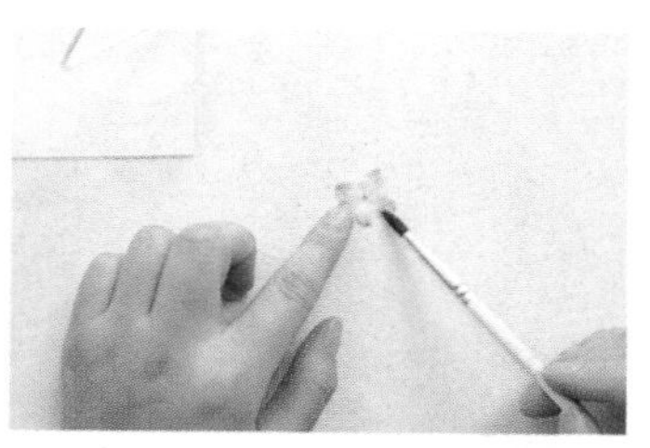

2 用毛笔在绣球花的背面均匀地刷上Mod Podge胶。

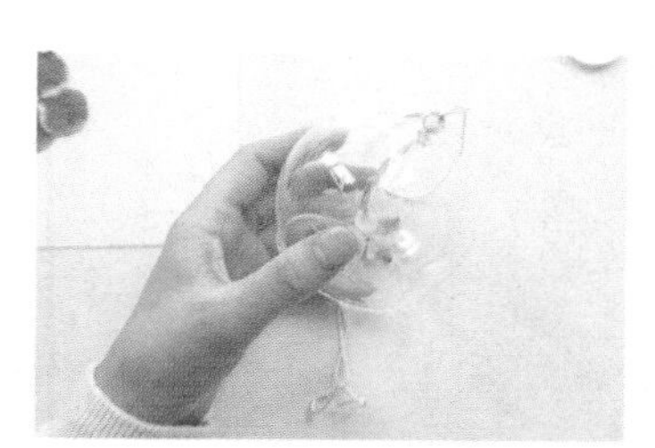

3 将刷好胶的绣球贴在风铃上，并用手指轻轻按平四周，使其完整地贴合在玻璃上。

制作步骤

（续上）

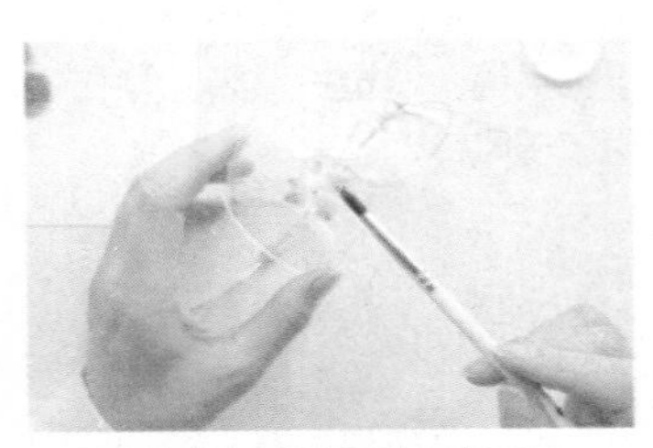

4 在粘好的绣球表面均匀地刷上一层Mod Podge胶。

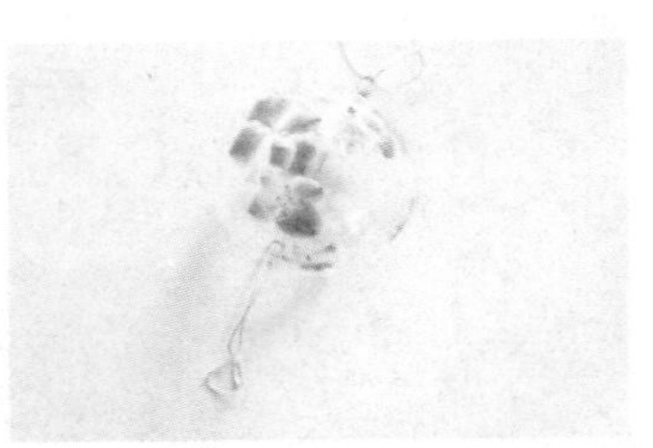

5 依照同样的方法按照设计好的构图将绣球粘贴在风铃上，静置待胶干透。

6 将过塑护贝膜剪成书签大小或其他适宜形状。

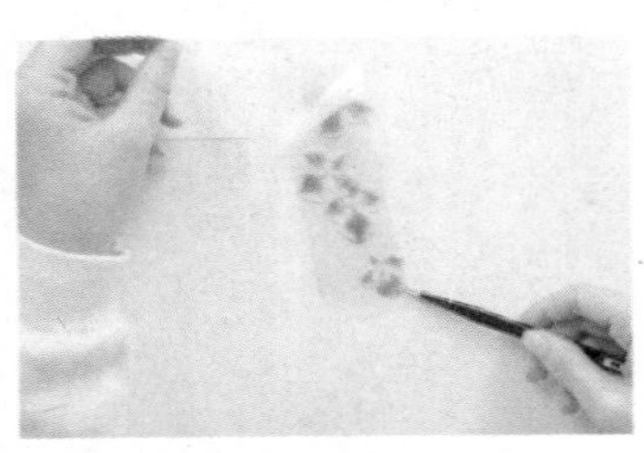

7 在过塑护贝膜中放入绣球花。

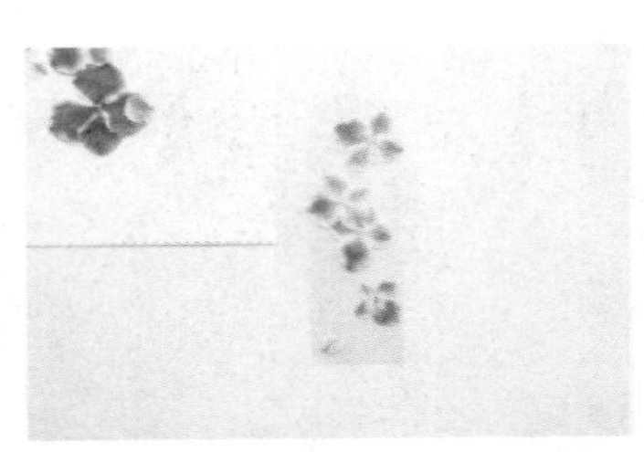

8 调整绣球花的摆放，使其错落自然，可拆几片花瓣点缀，营造飘逸感。

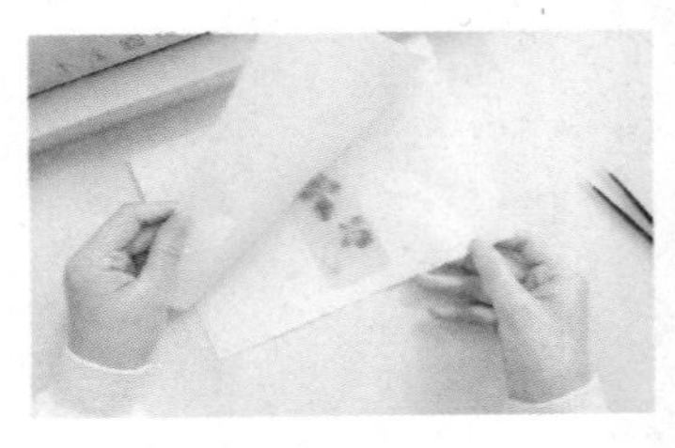

9 空白复印纸对折，将放好花的过塑护贝膜放在折好的复印纸中。

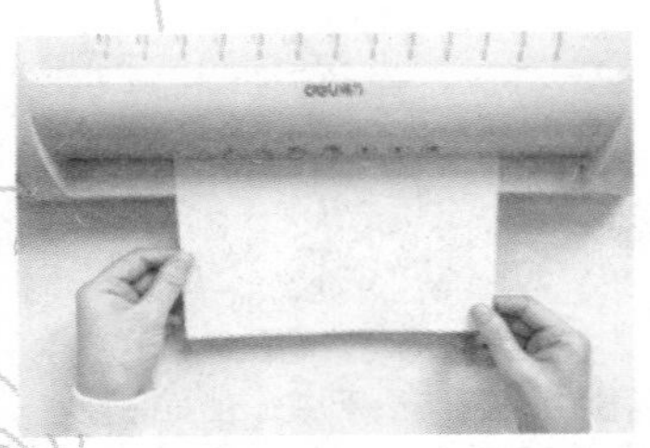

10 放入过塑机过塑，注意有折痕的一面先放入过塑机。

11 用剪刀将过塑好的押花卡片的下端剪两个自然的圆角。

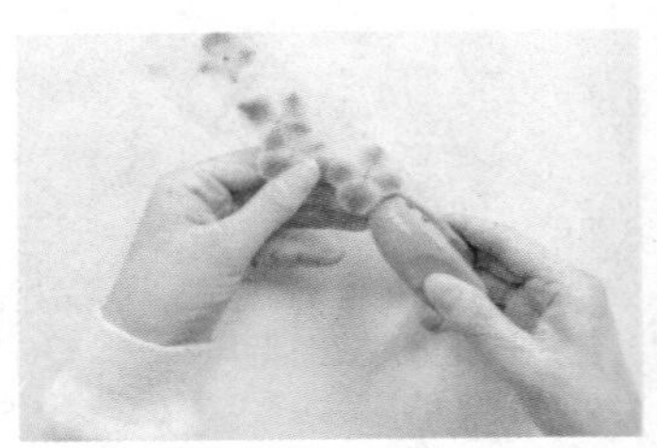

12 用打孔机在过塑好的透明押花卡片的顶端中间位置打孔。

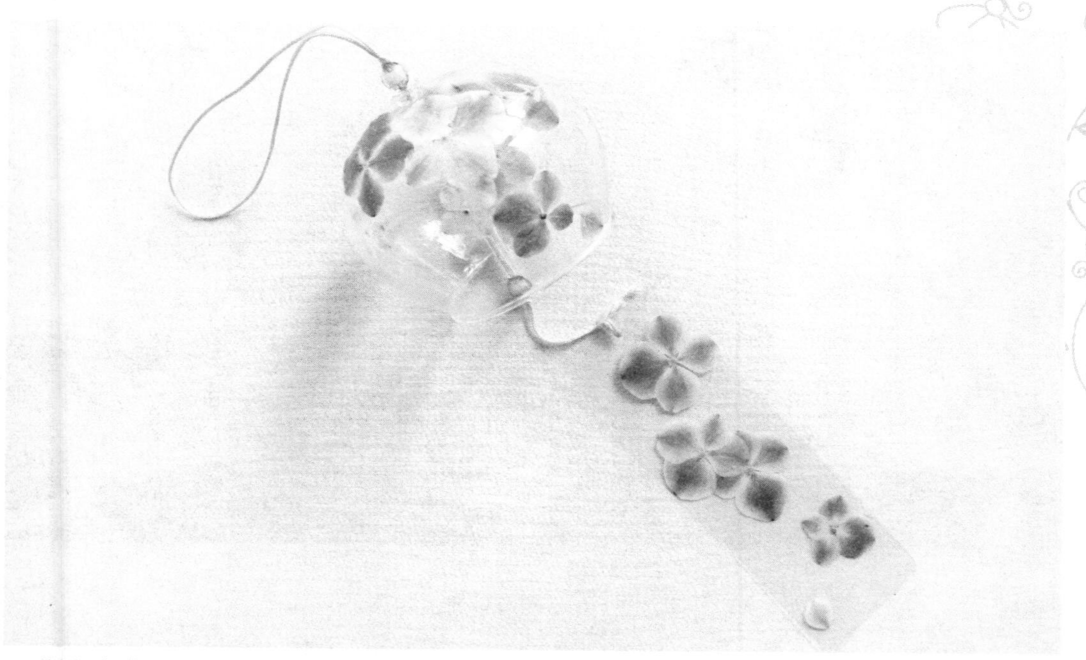

13 将透明押花卡片系在风铃的绳子上，押花风铃完成。

Tips:

有些花材对Mod Podge胶敏感会产生褐变，做前可选取花材涂胶测试。

使用Mod Podge胶，注意花朵四周边缘可稍微涂厚一点，用手指按平，使其完全贴合。

押花团扇

/创作者 裴香玉

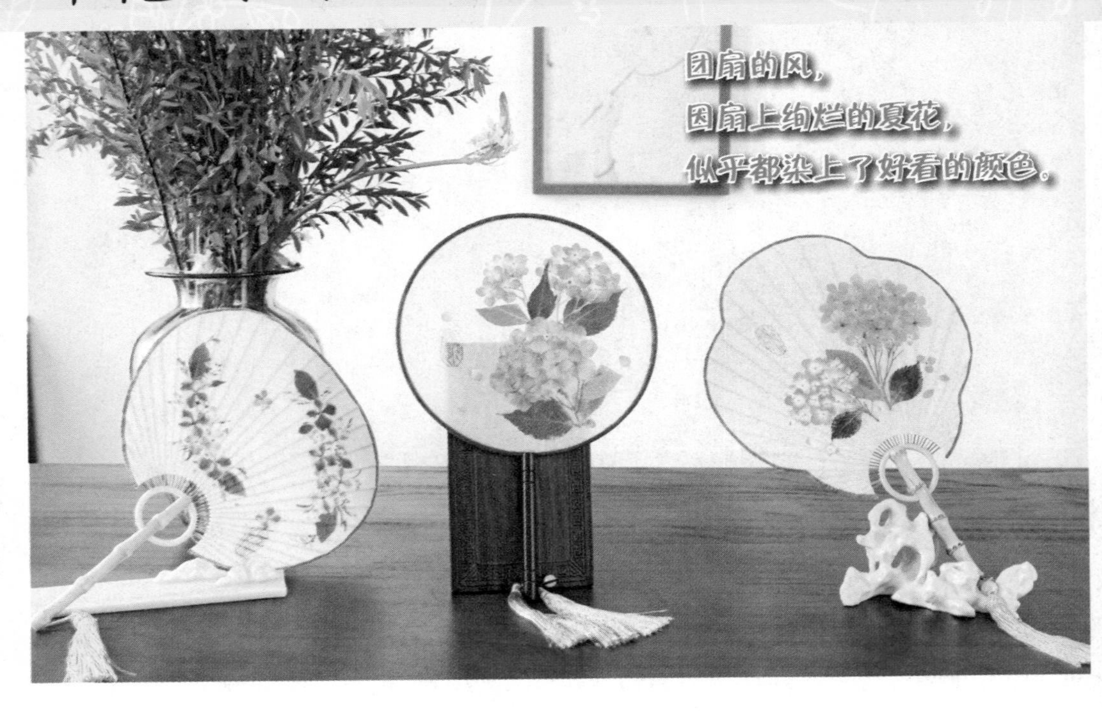

花材

蓝色重瓣绣球、香雪球、勿忘我花朵、满天星花枝。

工具与材料

剪刀、镊子、花胶（中性玻璃胶可替代）、3M喷胶、布用双面胶（热熔衬）、空白团扇、中式印章、印泥。

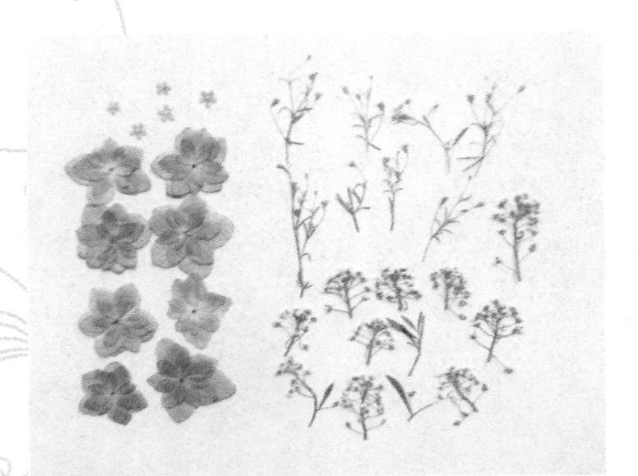

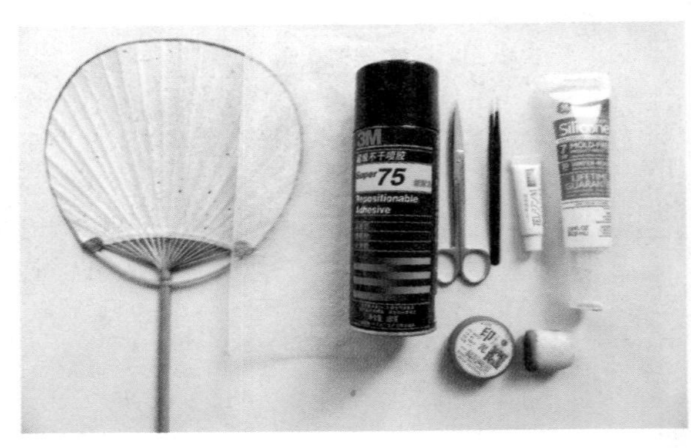

制作步骤

1 在布用双面胶上盖中式印章。

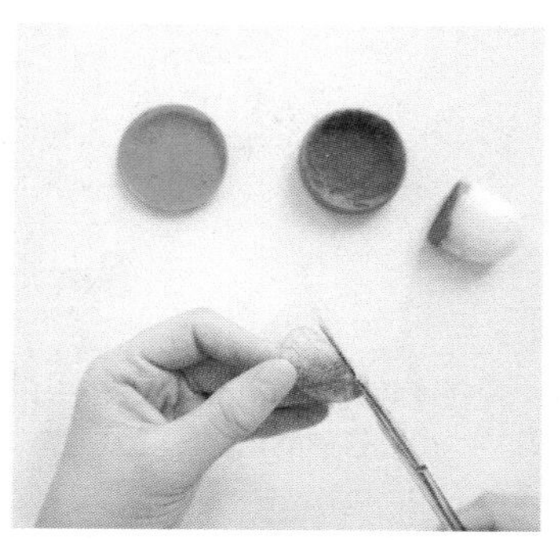

2 待印章上的印油晾干，沿着印章的边缘剪下布用双面胶 。

3 在空白扇面上做一个对角的押花设计。

4 用手机将设计好的押花构图拍照备用。

5 用喷胶在空白团扇上均匀地喷上胶，扇子边缘可多喷一些胶。

6 参考手机上拍好的押花构图，在喷好胶的扇面上将花材放入，先在扇面的两个对角错落摆放重瓣绣球，做好框架。

制作步骤

（续上）

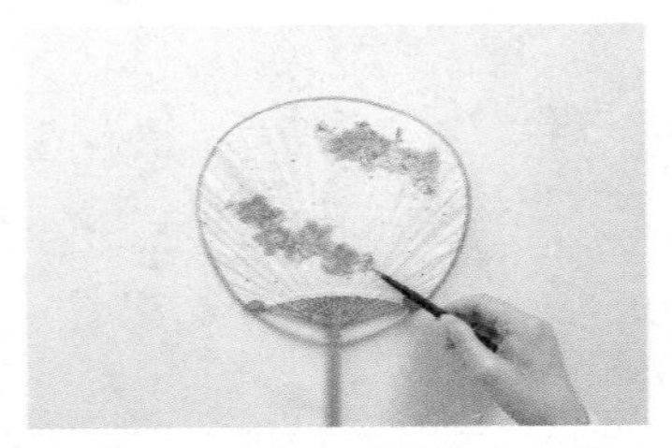

7 在绣球周围添加香雪球，丰富构图。

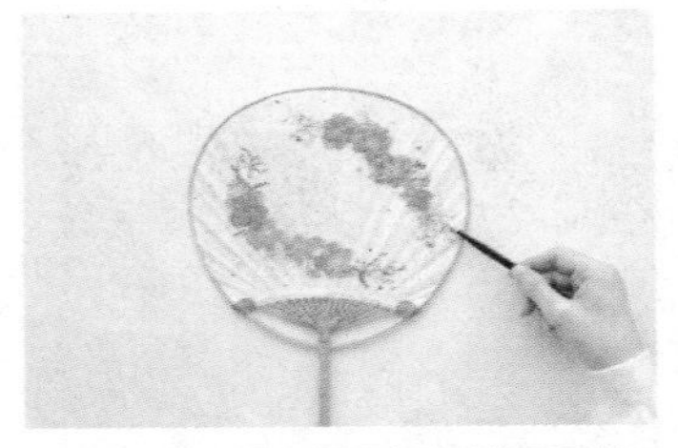

8 在绣球两侧、周围添加满天星的花枝，用线条形的花材使构图更为灵动。

9 在画面适宜位置添加勿忘我，点缀整体画面，完成构图。

10 将已经干透的步骤2中的印章添加在画面适宜位置。

11 将布用双面胶覆盖在团扇表面。

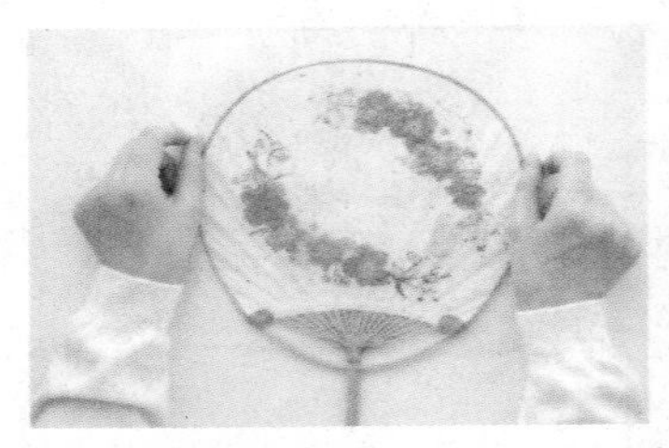

12 并用手指指腹轻轻按平，使布用双面胶与花材、扇面贴合。

13 挤适量的花胶在食指指腹。

14 用指腹将花胶均匀涂在覆盖了布用双面胶的花朵、叶片上，涂抹了花胶的花朵、叶子自然而清晰地显现出来。

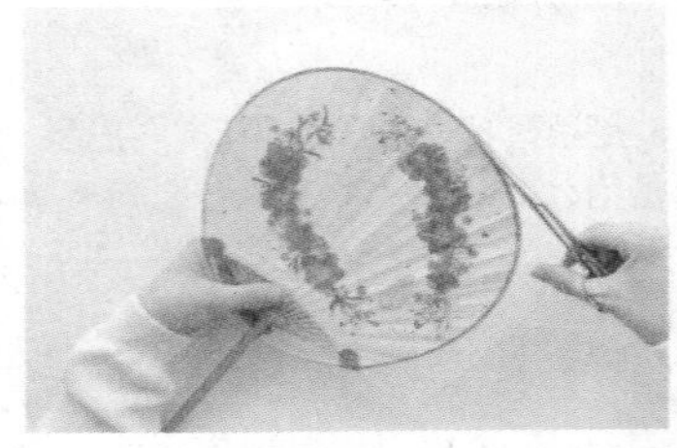

15 剪去团扇周围多余的布用双面胶。

制作步骤

（续上）

16 待花胶充分干燥，押花团扇完成。

Tips:

1.上述方法适宜构图较为简单的押花设计，为避免胶干丧失黏性，上述设计在扇面喷胶后半小时内完成为最佳。

2.上述布用双面胶（热熔衬）可用日本极薄和纸替代。

日式绣球画框

/创作者 裴香玉

简单的相框，
白绿色的绣球，
打造日式简约的格调。

花材

白色、绿色绣球、绣球叶若干。

工具与材料

剪刀、镊子、牙签、花胶（白乳胶可替代）、铅笔、橡皮、直尺、刻刀、双面胶、卡纸、水纹卡纸、日式洒金手染纸、带玻璃的相框、简易密封材料（铝箔胶纸、干燥板）。

· 制作步骤

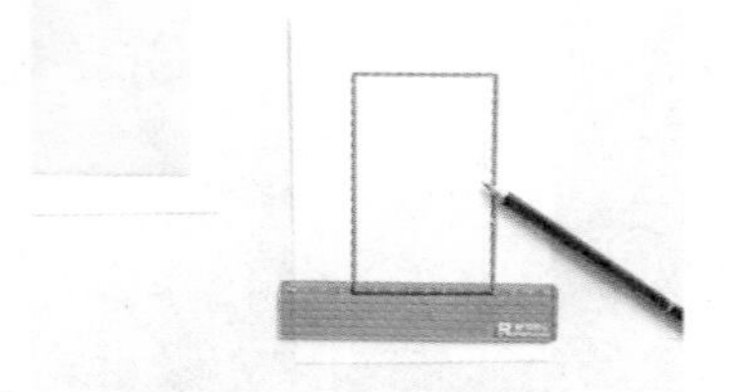

1 在水纹卡纸上打印一个边框，边框大小根据相框尺寸设计，在打印好的边框内5～8mm处用铅笔画一个内边框。

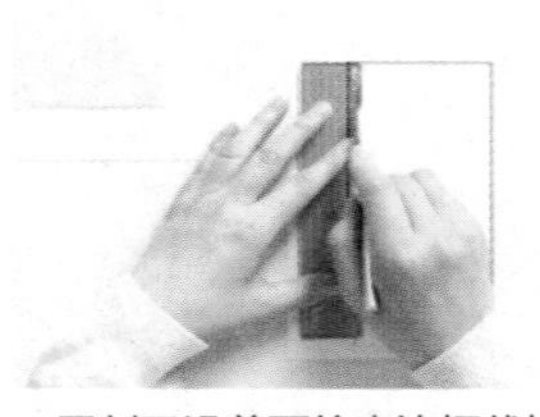

2 用刻刀沿着画的内边框裁掉中间的卡纸，形成一个卡纸框。

3 用橡皮擦掉纸框遗留的铅笔印。

4 将日式洒金手染纸裁剪，四边长度比打印好的边框多出1～2cm，卡纸裁剪成相框大小尺寸。

5 白卡纸铺底，洒金手染纸、裁好边框的卡纸，依此顺序从下往上叠放。

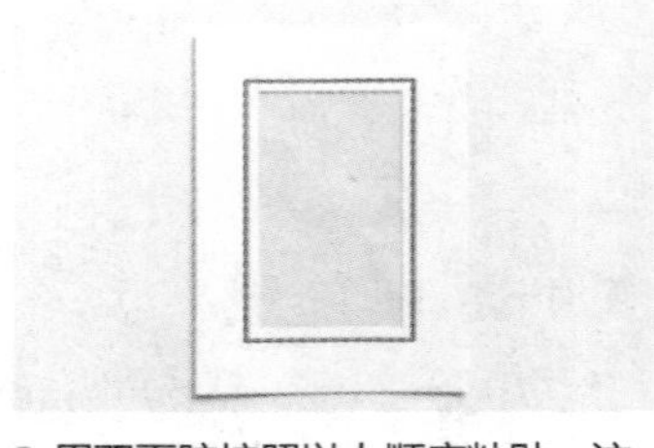

6 用双面胶按照以上顺序粘贴，注意粘贴在四周边缘，不要粘贴在有押花设计的地方，完成一个带边框的押花背景。

7 在做好的背景纸的左下处摆放绣球，先放上几片绣球叶子，调整位置到自然的状态。

8 拼接一个侧面形态的绣球，将较大的绣球花瓣摆成一个椭圆形的环状。

9 添加绣球花，花瓣与花瓣间可自然重叠，绣球花花心不要重叠，完成绣球花的拼贴。

制作步骤

（续上）

10 依照上述方法在画面的右上方放绣球叶子、拼贴一个白色的侧面形态的绣球。

11 在画面的适宜位置放几片绣球花瓣，营造整体画面的灵动感，调整整体画面，完成构图。

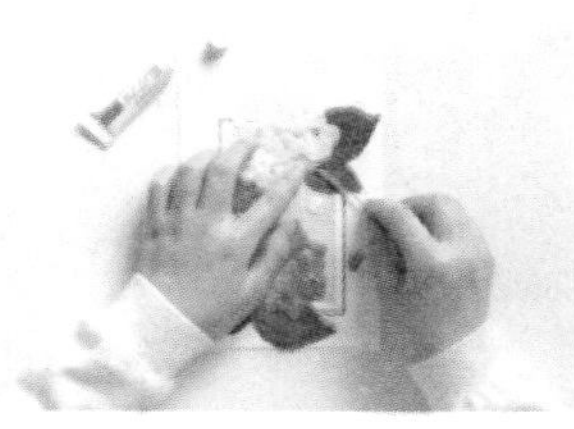

12 用牙签蘸取少量花胶将绣球按照摆放好的形态粘贴。

13 粘贴的时候注意整体形态，一边粘贴一边调整，粘贴好后待胶彻底干燥。

14 进行简易密封，将相框的玻璃清洗干净，盖在干燥好的押花画上。

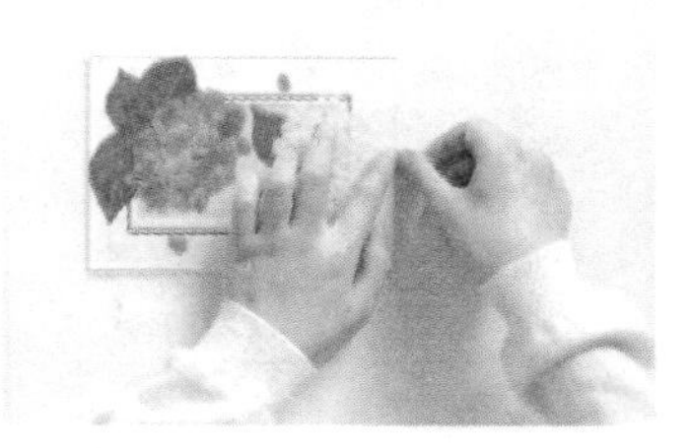

15 用透明胶带将玻璃与押花画取一点粘住。

16 依次用透明胶带粘贴玻璃和押花画的四边。

17 将干燥板放置在押花画的背面。

18 裁剪铝箔胶纸，四边略大于押花画5mm左右，撕开铝箔胶纸的离型纸。

· 制作步骤

（续上）

19 将铝箔胶纸贴在放置了干燥板的押花画的背面。

20 用手指指腹将铝箔慢慢按平整。

21 用尺子（或塑料卡片）将铝箔胶纸刮平，排出空气。

22 刮的时候注意用力均匀缓慢，以防刮破铝箔胶纸。

23 沿着玻璃边缘剪掉多余的铝箔胶纸。

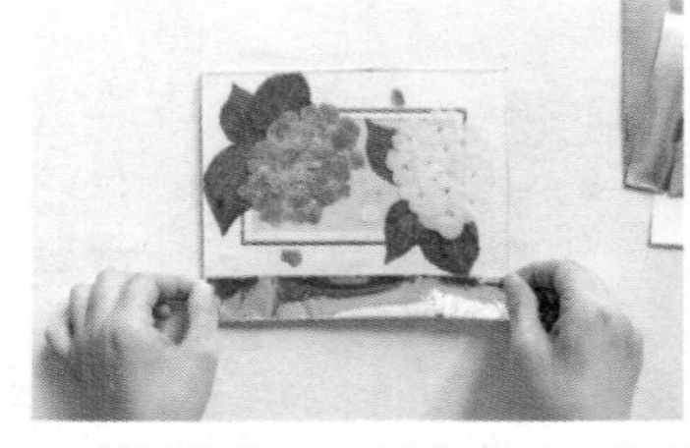

24 将铝箔胶纸按照相框四周长度裁成宽约2cm的条状，铝箔胶条的一边约2～3mm贴在玻璃上。

25 铝箔胶条的另一面折过去，贴在押花画上。

26 用尺子（或塑料卡片）将铝箔刮平整。

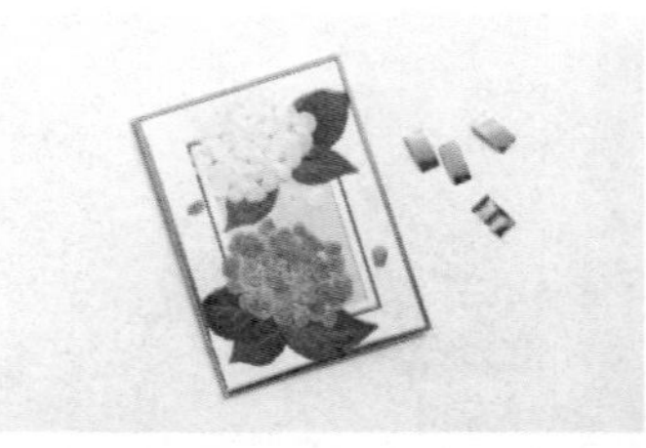

27 依同样方法用铝箔胶条粘贴相框的四周。

制作步骤

（续上）

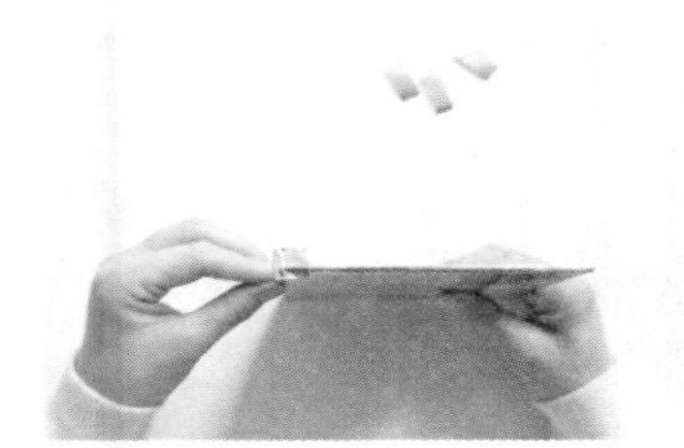

28 将铝箔胶纸剪成2cm长，1cm宽的四条，用铝箔胶纸紧紧包住相框的一角。

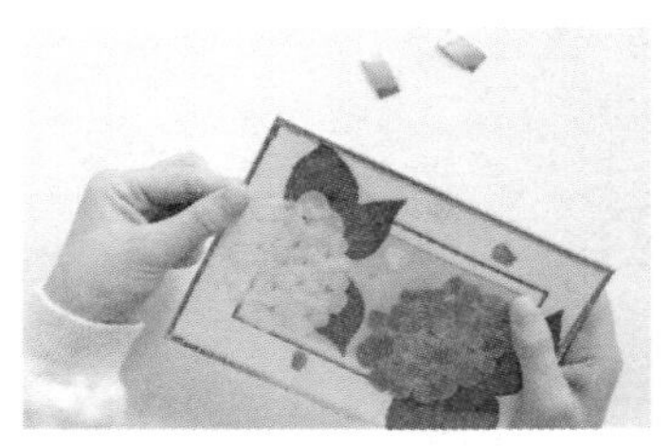

29 依次粘贴相框的四个角。

30 用刻刀裁掉多余的透明胶带，并撕掉处理干净。

31 简易密封完成。

32 将密封好的作品放入相框内，日式押花绣球画框完成。

押花抽纸盒 /创作者 裴香玉

看！
纸巾从鲜花丛中抽出。

花材

各色角堇、美女樱、铁线蕨。

工具与材料

剪刀、镊子、 棉签、小毛笔、Mod Podge胶（亮光剂）、透明亚克力抽纸盒。

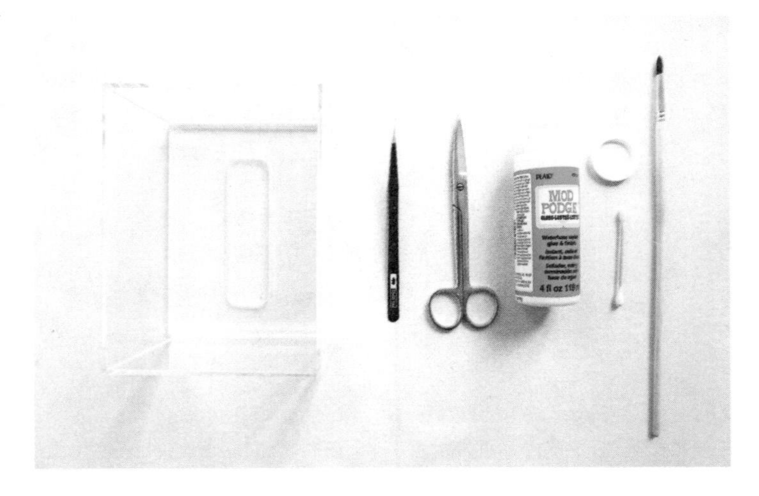

制作步骤

1 选取三朵不同颜色的角堇搭配作为主花，花朵两侧放上铁线蕨，在抽纸盒的一个平面做一个简单的押花设计。

2 取下角堇，在角堇的背面均匀地刷上Mod Podge胶。

3 将刷好胶的角堇放在抽纸盒的适宜位置，并用手指轻轻按平四周，使其完整的贴合在抽纸盒上。

4 在粘好的角堇表面均匀地刷一层Mod Podge胶。

5 依照上述方法将花材按设计好的押花构图粘贴，最后添加美女樱丰富画面。

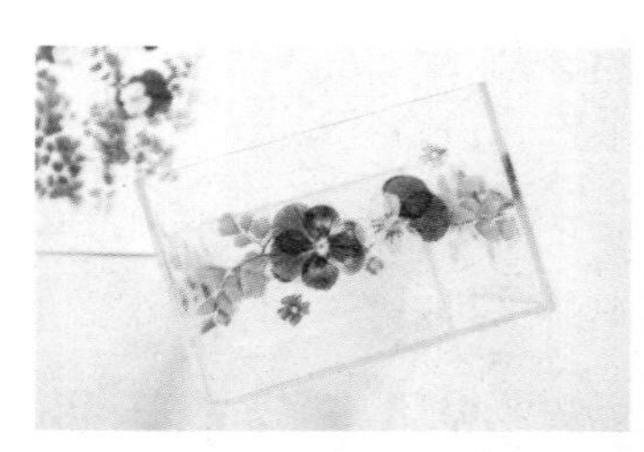

6 设计抽纸盒的另一面，依上述方法粘贴花材，设计应保持整体性。

7 在抽纸盒的另外两个平面上按照同样的押花构图粘贴花材。

8 在抽纸盒的盖子上设计一个角堇对角押花构图。

9 依上述方法在抽纸盒的盖子上粘贴花材，待胶充分干透。

10 在纸巾盒中放入抽纸，押花抽纸盒完成。

Tips: 1.该方法适用较薄的花材、叶子和简单的押花设计。
2.可在花材边缘多刷几次胶，使花朵完全粘在亚克力上。

押花手机壳

/创作者 裴香玉

夏天，
为自己的手机换上一身独一无二的夏装。

花材

带枝叶百脉根、带枝蕾丝花。

工具与材料

镊子、木棍、毛笔、迷你电子秤、纸杯、透明手机壳、一次性饭盒、AB胶、UV胶、UV灯。

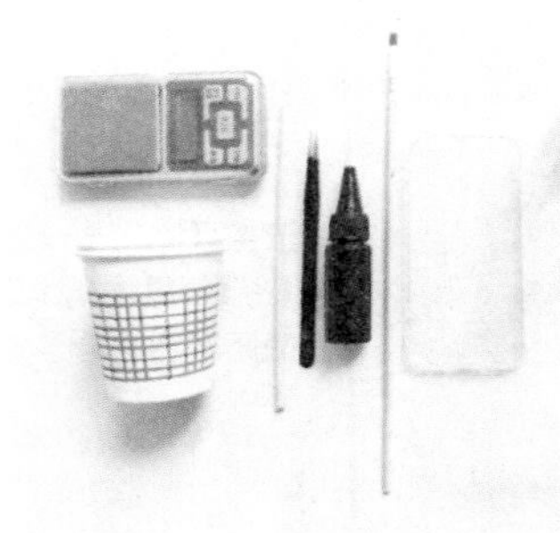

制作步骤

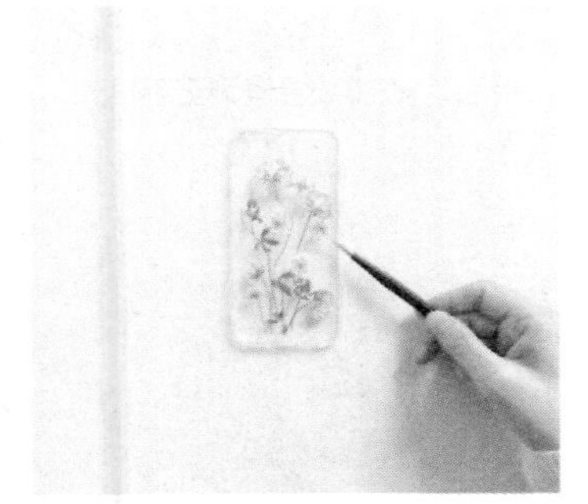

1 将带枝条、叶子的百脉根和蕾丝摆放在透明空白手机壳上，调整到满意的形态、完成构图。

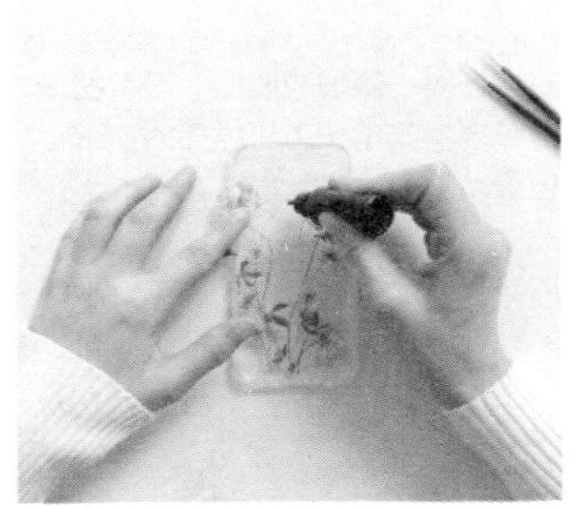

2 在摆放花材的位置上，轻轻挪开花材，涂一层薄薄的UV胶。

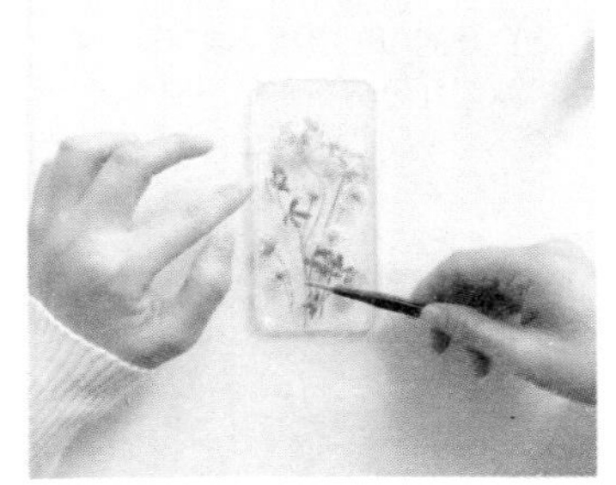

3 将花材按照之前的构图摆放在手机壳上，注意花材之间尽量不要重叠。

制作步骤

（续上）

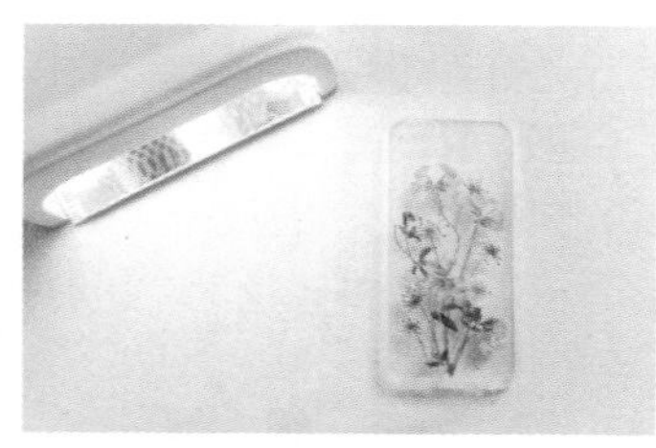

4 将放好花材的手机壳放入UV灯中，使UV胶固化。

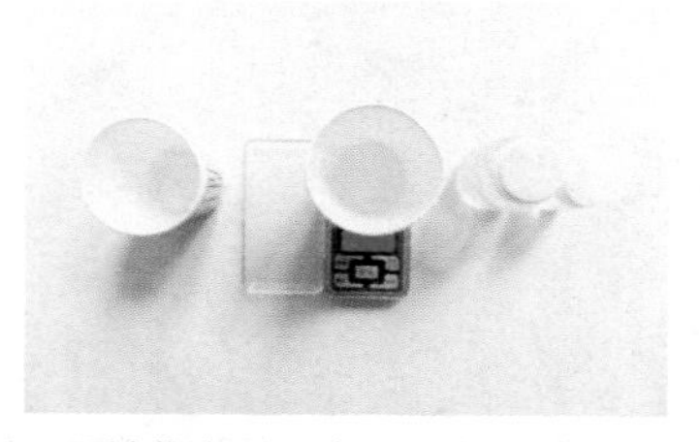

5 用迷你电子秤称重，将A胶与B胶按重量比例（一般是A胶与B胶比例1：3，具体配比以所购买的AB胶使用说明为准）分别倒入一次性纸杯中。

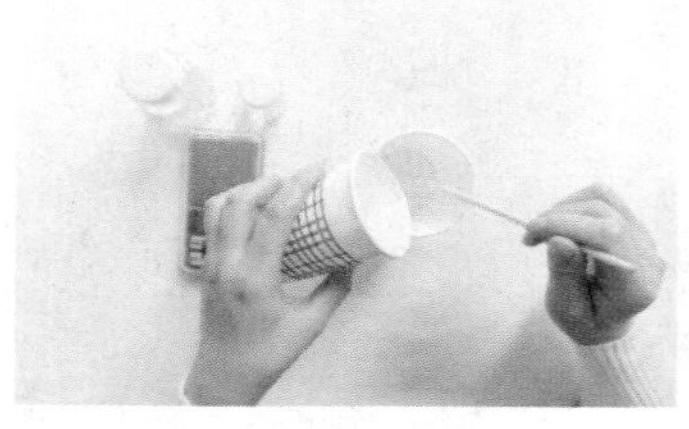

6 将B胶缓慢的倒入A胶中，一边倒一边用木棍沿着一个方向慢慢搅动，使AB胶充分融合。

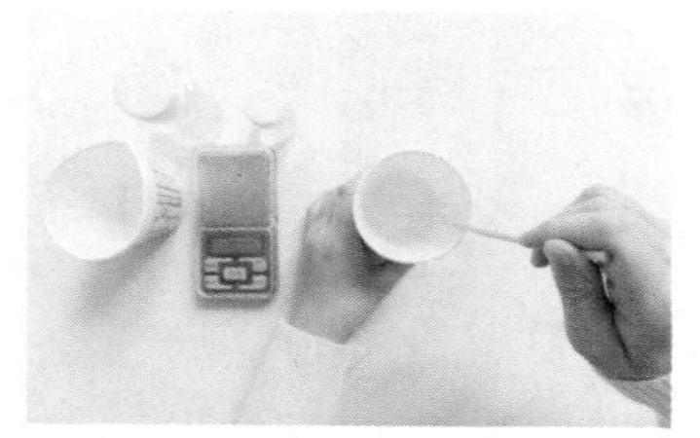

7 混合好的AB胶用木棍搅动均匀后，静置几分钟，待气泡消失。

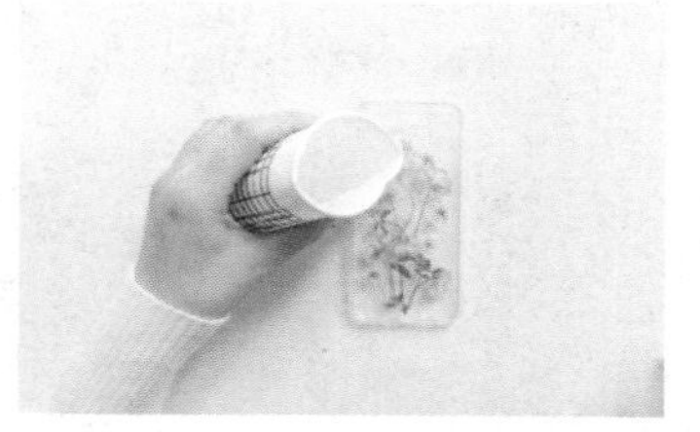

8 将纸杯一侧捏成凹槽，沿着凹槽将AB胶均匀倒在手机壳较中间的位置。

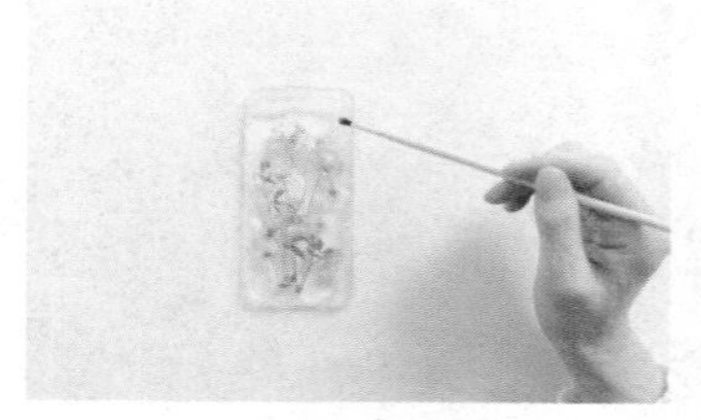

9 用毛笔将AB胶慢慢刷至手机壳边缘。

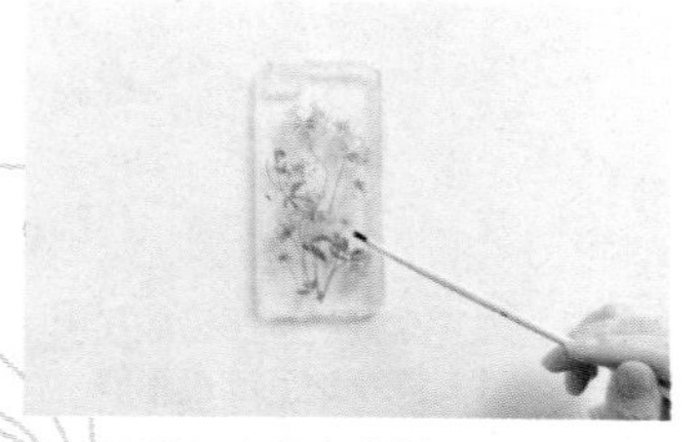

10 AB胶可少量多次倒入，防止过多造成溢胶，用毛笔将胶刷均匀、平整。

11 如AB胶中出现气泡，可用打火机（或火枪）进行消泡处理。

12 在滴好胶的手机壳上盖上一次性饭盒，防止灰尘粘在胶上，静置24～48小时。

制作步骤

（续上）

13 AB胶彻底固化后，押花手机壳完成。

Tips: 用来固定花材的UV胶也可用AB胶替代，可多次多层滴胶，因AB胶固化时间较长，固化中可将手机壳放入有干燥剂的密封箱中，防止植物受潮。

夏日气息书签

/创作者 王琪

· 花材

蛇目菊、美女樱、金雀花叶。

· 工具与材料

剪刀、镊子、押花专用白乳胶（手工白乳胶可替代）、空白卡片、热烫和纸胶膜、花胶剂、各种和纸胶带。

制作步骤

1 选择几种和纸胶带，粘贴在卡片上。

2 在卡片下方放一朵黄色蛇目菊，作为主花材，富有夏日气息。

3 蛇目菊下面配置绿色金雀花叶片。

4 卡片上方再放置一朵美女樱即可，用少量白乳胶将构好图的花材粘住。

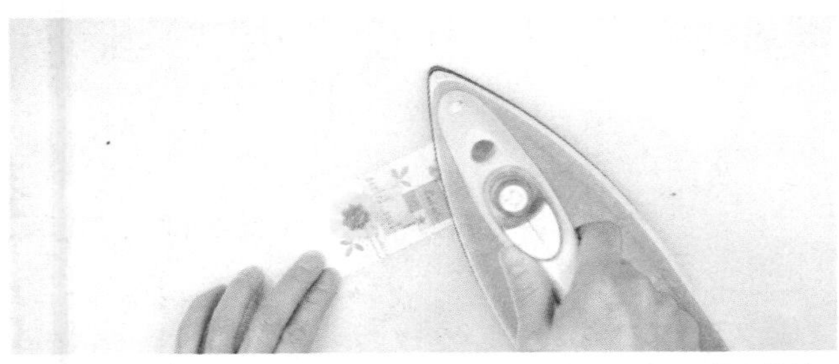

5 剪一张比卡片稍大的热烫和纸胶膜，将胶膜光滑面（即带有热熔胶的一面）朝向押花作品，比对好位置，覆盖在押花作品表面。电熨斗调到丝绸温度，压在作品的一端，压烫5秒钟，使胶膜与押花作品固定在一起。然后从固定的一端开始，熨斗向另一端压烫过去，使热烫和纸胶膜与押花作品表面贴合紧密。

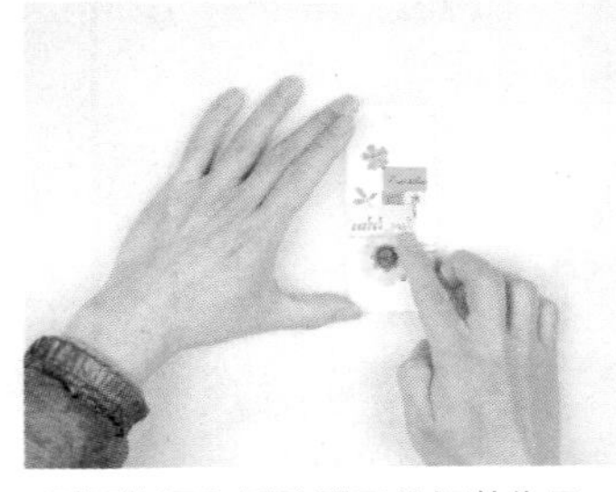

6 熨烫热烫和纸胶膜后的押花作品，此时花材显得较为朦胧。如果需要花材的鲜艳色彩突出，可以在花材表面涂抹少量花胶剂。

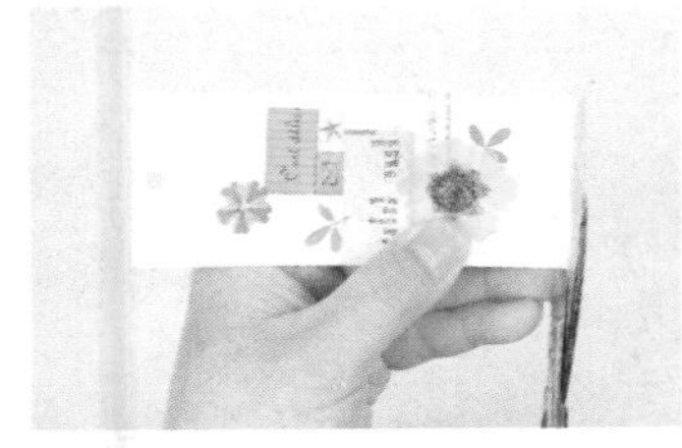

7 押花表面完全涂抹花胶剂后，修剪卡片边缘多出来的胶膜。

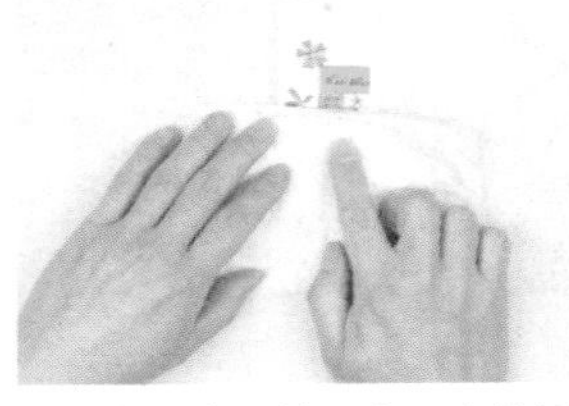

8 在作品表面盖一张干净的纸巾，轻轻按压，吸收多余的花胶剂。

9 作品完成。

绣球押花书签

/创作者 王琪

盛开了一季的绣球，
在书签中继续陪伴你，
度过一季又一季。

花材

绣球花、勿忘草、蕾丝花、金雀花叶、勿忘草、美女樱。

工具与材料

剪刀、镊子、押花胶水（白乳胶可替代）、纸胶水、白色卡纸、彩色卡纸、透明胶膜、粉彩棒。

制作步骤

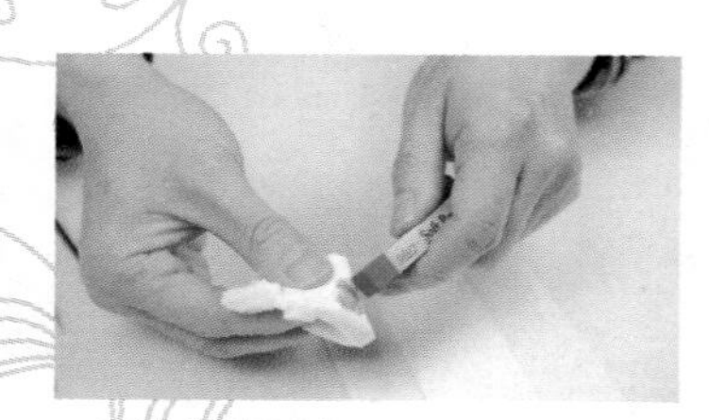

1 用纸巾蘸取粉彩。

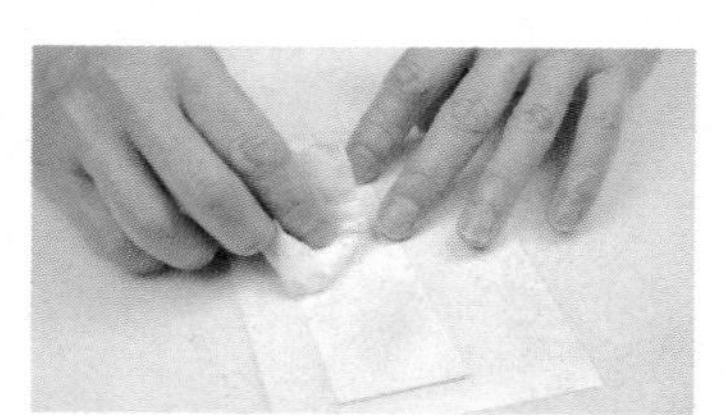

2 擦在白色底卡纸上，做出色彩效果。

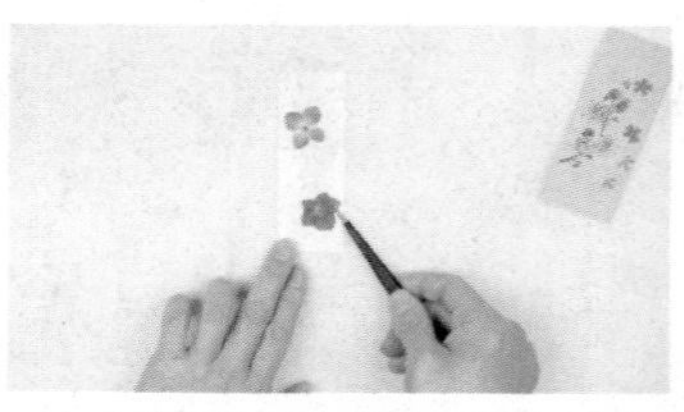

3 在底卡纸上下各放一朵蓝色绣球花，稍错开。

制作步骤

4 在绣球花旁边配置蕾丝花。

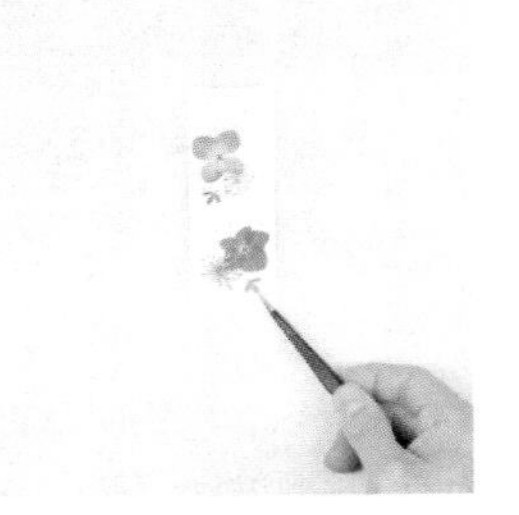

5 再搭配金雀花的绿色小叶片。

6 点缀粉紫色的美女樱，使颜色显得协调鲜艳。

7 再点缀蓝色勿忘草的小花朵，填补空间，丰富画面，用少量白乳胶将构好图的花材粘好。

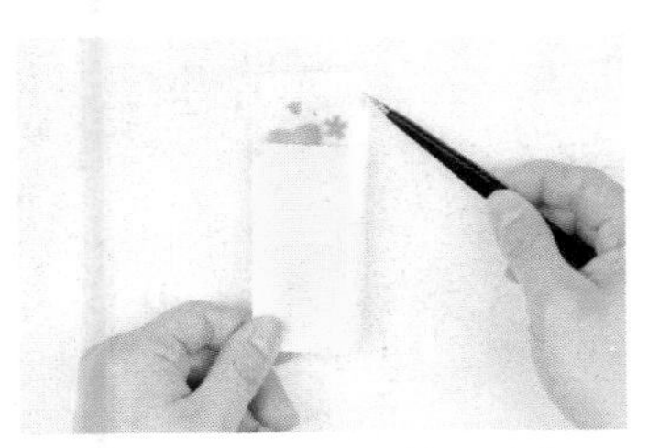

8 剪一块稍大于底卡纸的透明胶膜，揭开透明胶膜一端的底纸，将透明胶膜贴在底卡纸的一端。

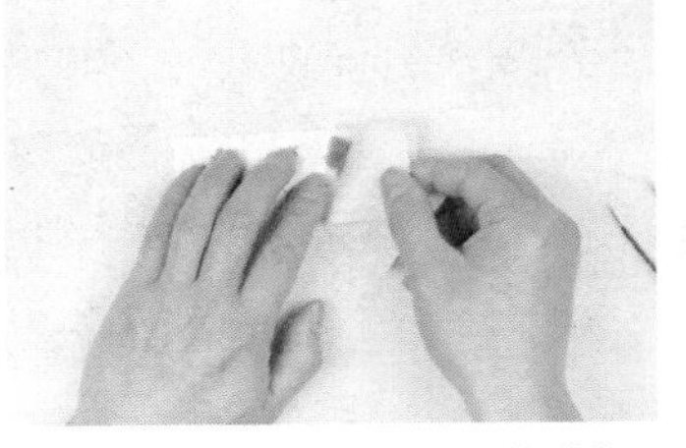

9 揭掉其余的透明胶膜，平整贴在卡片表面，并用手指压平压紧。

10 用指腹按压花朵的边缘，使胶膜与卡片的贴合更为紧密。

11 修剪掉边缘多余的胶膜。

12 取一张比白色押花底卡纸稍大一点的彩色底卡纸，涂上纸胶水。

13 将押花底卡纸贴在彩色卡纸上，作品即可完成。

夏夜押花灯罩

/创作者 裴香玉

花材

带枝叶的风铃草、百脉根、勿忘我、香雪球、勿忘我花朵、小黄菊。

工具与材料

剪刀、镊子、花胶、3M喷胶、布用双面胶（热熔衬）、空白灯罩。

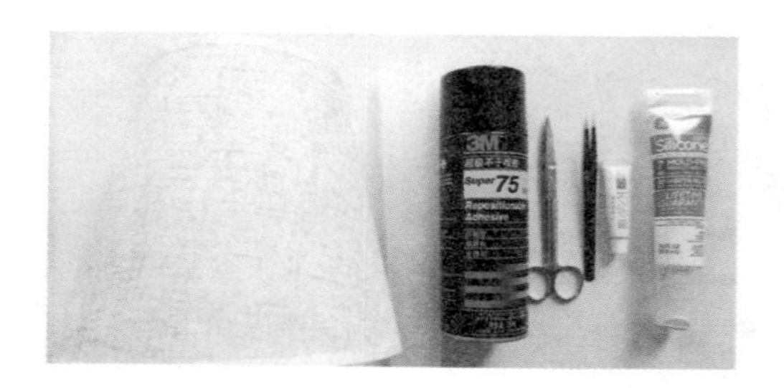

制作步骤

1 将布用双面胶的一端与灯罩接缝处的直线对齐，包裹在空白灯罩上，量取灯罩表面大小。

2 量取后，以长、宽均大于灯罩长宽5cm左右的尺寸裁剪布用双面胶。

3 将花材摆放在裁剪好的布用双面胶上，不同颜色、形态的带枝叶的花材颜色错开，呈比较自然的形态摆放，完成灯罩上的押花设计。

4 将喷胶均匀地喷在灯罩表面，灯罩的两端可以多喷一点。

5 将花材按照设计好的押花构图放在喷了不干胶的灯罩表面。

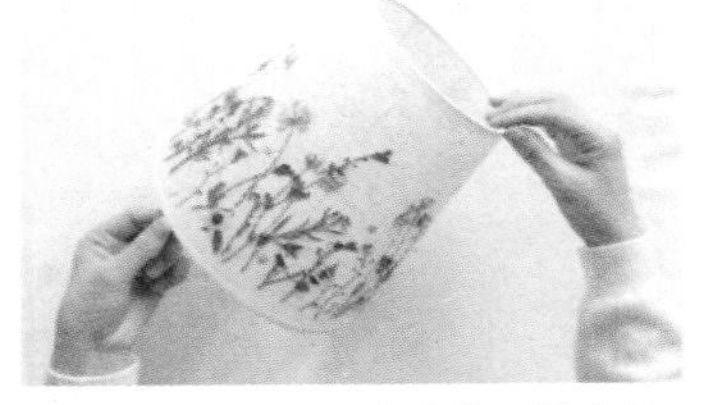

6 添加小黄菊、勿忘我花朵等小花使灯罩表面的押花设计丰富饱满。

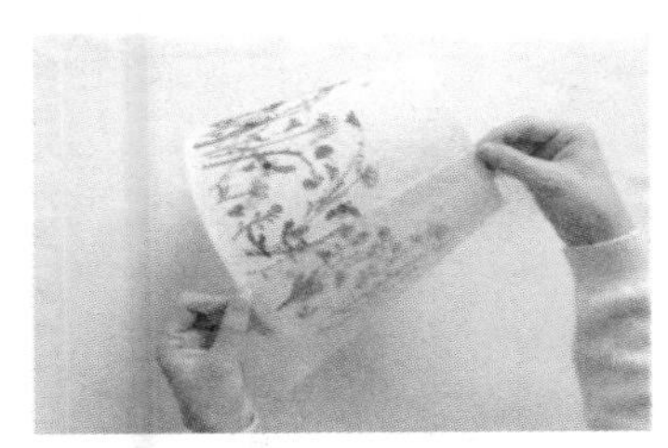

7 将布用双面胶的一端与灯罩接缝处的直线对齐开始粘贴。

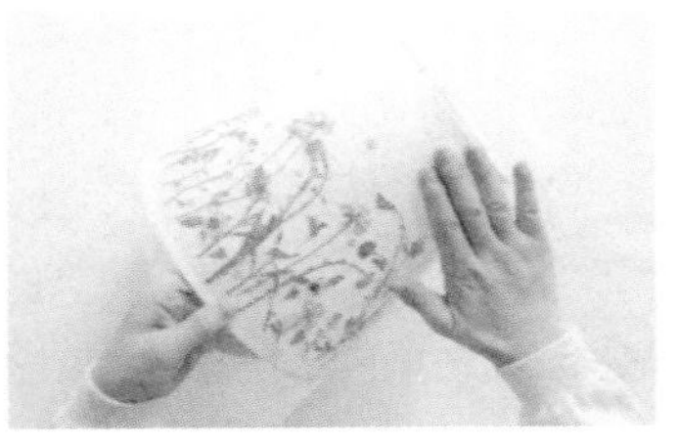

8 将布用双面胶慢慢粘合在整个灯罩表面，并用手指指腹按平。

9 在灯罩接缝处剪掉多余的布用双面胶。

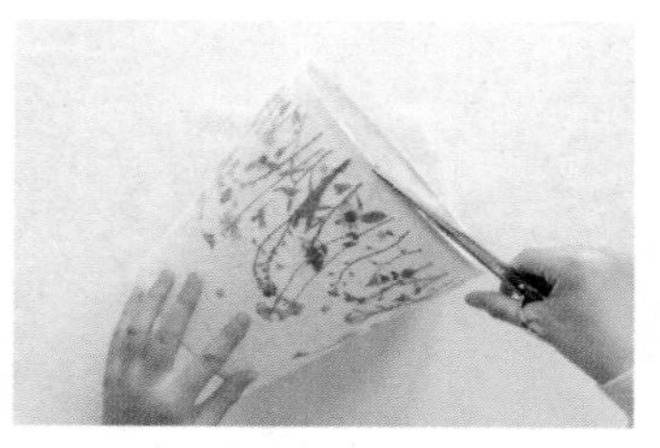
10 剪去灯罩两端多余的布用双面胶。

11 挤适量的花胶在食指指腹。

12 用指腹将花胶均匀涂在覆盖了布用双面胶的花朵、叶片上，涂抹了花胶的花朵、叶子自然而清晰地显现出来。

13 待表面的花胶充分干燥，押花灯罩完成。

Tips: 上述布用双面胶（热熔衬）可用日本极薄和纸替代。

押花日记里的四季

秋季

秋

秋叶押花相框

/创作者 裴香玉

秋叶与金属相框的碰撞，
擦出了静美与活力完美结合的火花。

花材

各种大小、各色槭树叶若干。

工具与材料

剪刀、镊子、牙签、花胶（白乳胶可替代）、卡纸、硫酸纸、字母贴纸、带玻璃的二折相框、简易密封材料（铝箔胶纸、干燥板）。

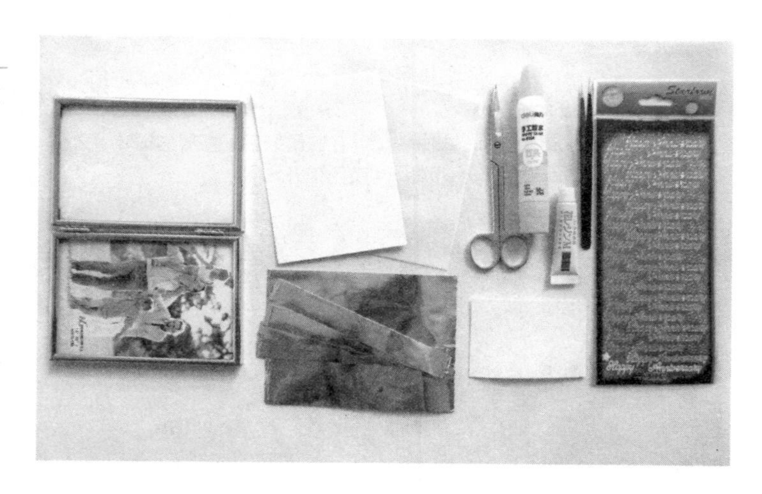

制作步骤

1 将不同颜色的槭树叶错落摆放在卡纸的四周。

2 调整叶子的摆放方向，使其呈现出自然的状态，并用少量花胶（白乳胶可替代）粘贴在卡纸上。

3 在卡纸四周边缘没有粘贴叶子的位置涂少量花胶。

4 在卡纸上覆盖一层硫酸纸，用手指将四周涂花胶的部分按平整。

5 在硫酸纸四周摆放槭树叶，大小颜色错开。

6 调整硫酸纸上槭树叶的摆放，利用硫酸纸的半透明感，增强画面层次感，调整好后用少量花胶粘贴在硫酸纸上。

7 用剪刀沿卡纸边缘剪掉多余的叶子。

8 选取喜欢的字母贴纸贴在画面适宜位置。

9 取出相框上的玻璃清理干净覆盖在押花卡片上。

制作步骤

（续上）

10 使用简易密封的方式密封做好的押花卡片（密封处理方法参看第61~63页）。

11 将密封好的押花画放入相框的一侧，另一侧选取自己喜欢的照片放入，秋叶押花相框完成。

Tips: 收集压制根据季节变换而形成不同颜色的叶子均可用上述方法制作。

硫酸纸可用极薄和纸代替，不同的秋叶可设计多种构图。

押花手镜 /创作者 王琪

秋天，

带上一个美美的押花手镜，秋游去！

花材

美女樱各色、金雀花叶、勿忘草。

工具与材料

剪刀、镊子、押花专用白乳胶（手工白乳胶可替代）、双面胶、带底托的手镜、透明胶膜（冷裱膜）、花胶剂、手染薄纸（可以用各种彩色薄纸代替）、透明英文字条。

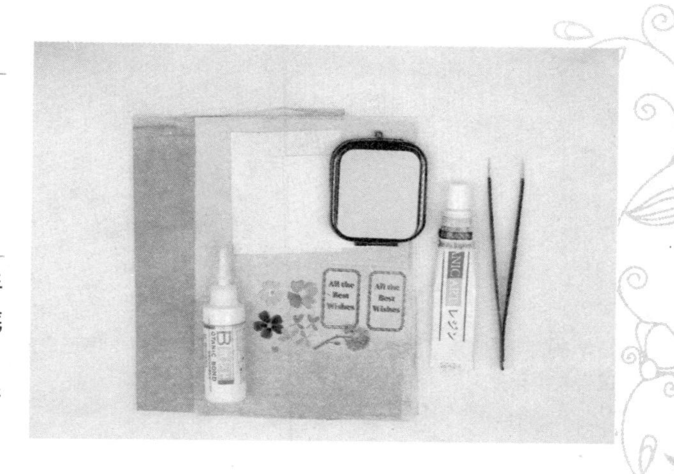

制作步骤

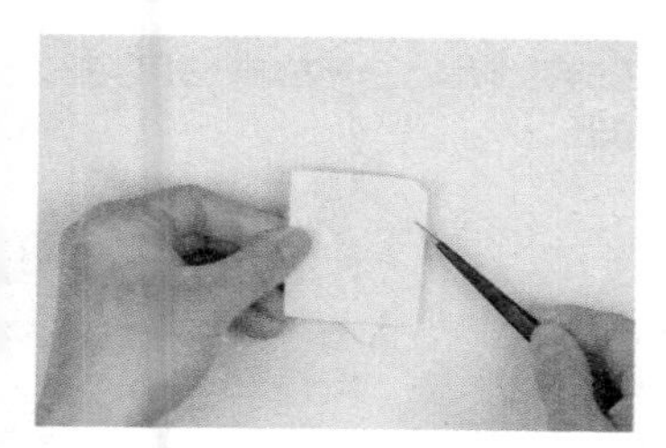

1 剪一块比手镜底托稍大一点的双面胶，揭开一面的保护纸，贴在底托上。

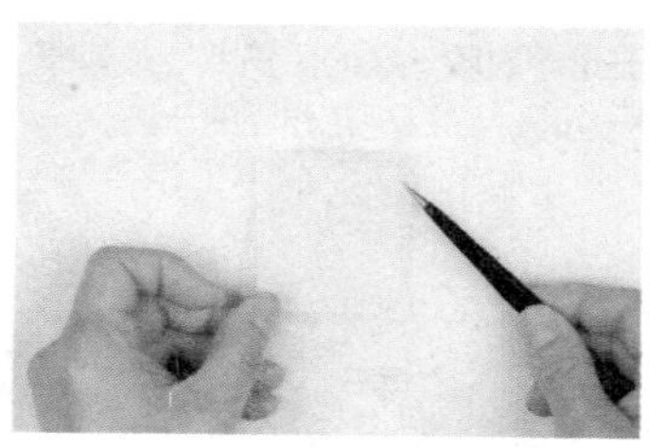

2 揭开双面胶另一面的保护纸，将手染薄纸贴在底托上。

3 在底托的中间部位，贴一张透明英文字条。

4 字条的两个对角，放置几朵漂亮的美女樱花朵。

5 在美女樱的周围配置金雀花叶。

6 在空白处放几朵勿忘草花朵，构图即可完成。

7 将花朵按照设计粘贴好，底托边缘修剪整齐。

8 剪一块比底托大的透明胶膜，揭开透明胶膜一端的保护纸，并剪掉一小段，贴在押花作品的一边。

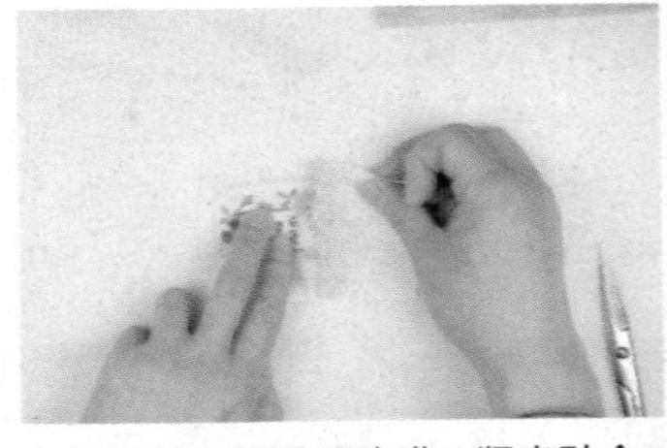

9 截掉其余的透明胶膜，紧密贴合在押花作品上，一边揭一边用手指按压。

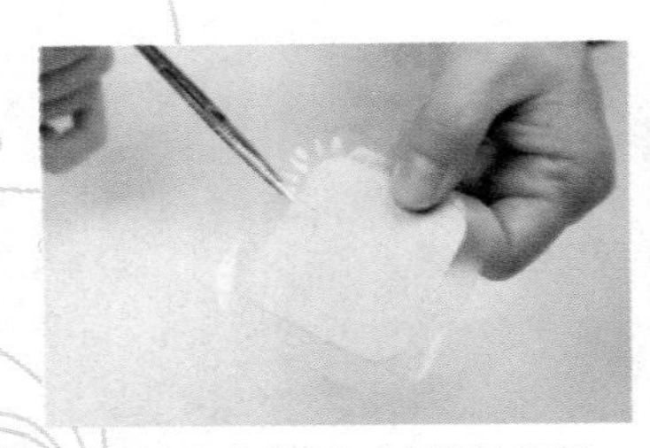

10 将透明胶膜多出底托的边缘部分，剪成锯齿状。

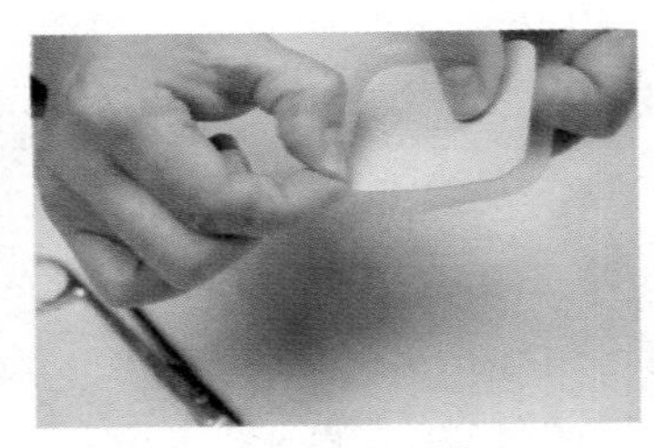

11 将锯齿反折到底托的背面。

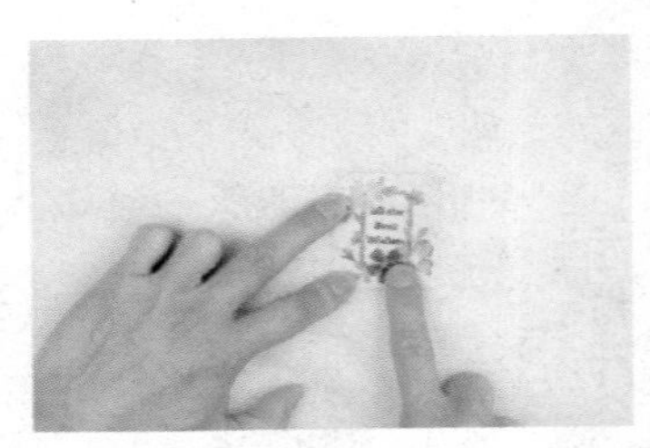

12 全部处理完毕后，翻转到正面，用指腹按压押花边缘，使胶膜贴合紧密。

制作步骤

（续上）

13 手镜底座上涂一圈花胶剂，注意不可紧挨着手镜边缘。

14 将做好的押花底托放进手镜底座。

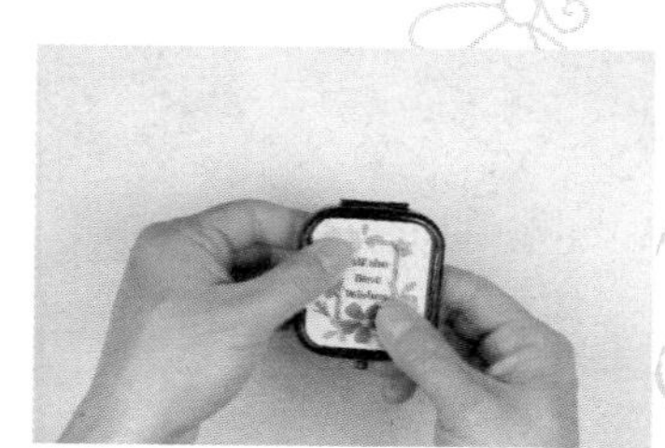

15 手指稍压，使押花底托与手镜底座粘贴紧密。

16 放置3小时以上，待花胶剂固化后即可使用。

波斯菊小画框 /创作者 王琪

花材

波斯菊花朵与枝叶。

工具与材料

剪刀、镊子、押花专用白乳胶（手工白乳胶可替代）、白色卡纸、透明胶膜（冷裱膜）、树脂小画框。

制作步骤

1 将树脂画框里面的衬纸取出，依照其大小，在白色卡纸上画出轮廓。

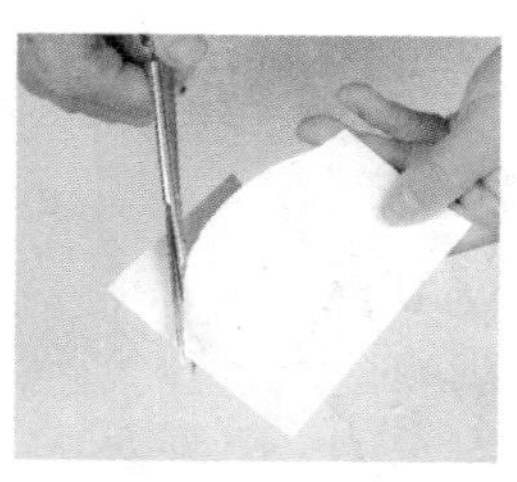

2 将椭圆依照画好的边缘线剪下。

3 在底卡纸的下部先放置一些波斯菊的叶片。

4 再配置一些波斯菊的花朵。

5 继续添加一些枝叶，使画面丰满，植物的形态生动，用少量白乳胶将构好图的花材粘好。

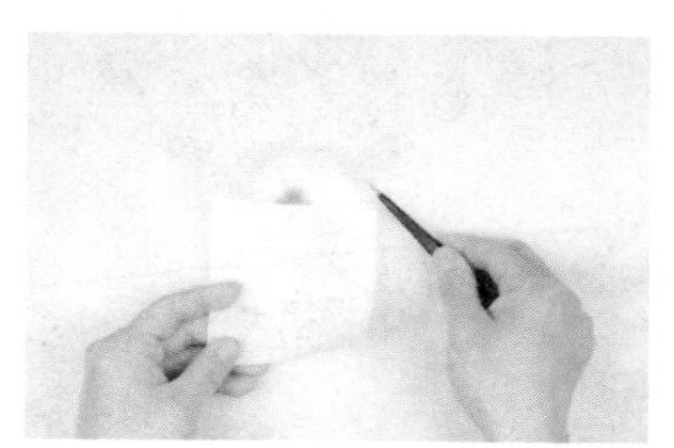

6 剪一块稍大于底卡纸的透明胶膜，揭开透明胶膜一端的底纸，并剪掉一条。将透明胶膜贴在底卡的一端。

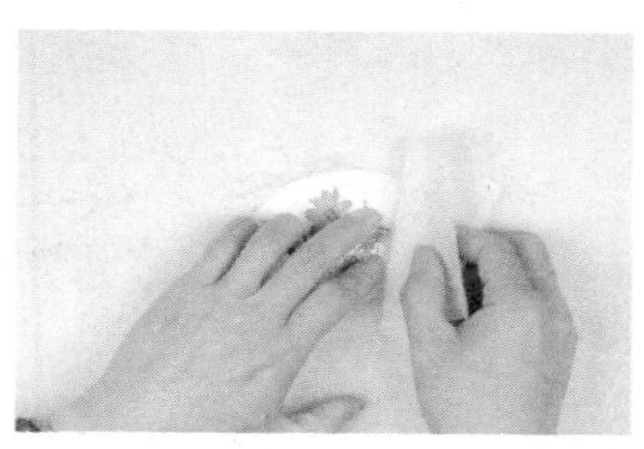

7 揭掉其余的透明胶膜，平整贴在卡片表面，并用手指压平压紧。

8 修剪掉边缘多余的胶膜。

9 用指腹按压花朵的边缘，使胶膜与卡片的贴合更为紧密。

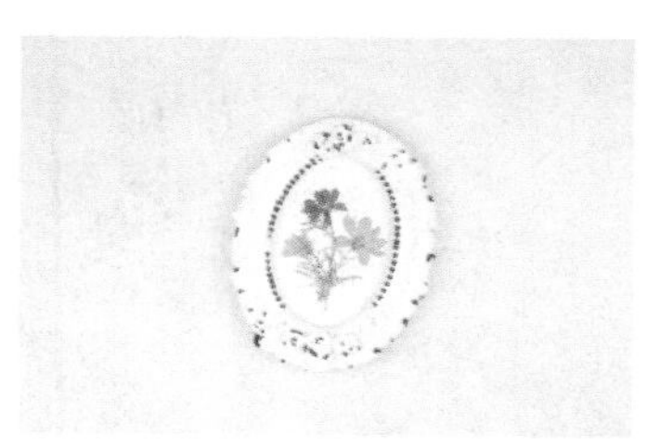

10 将做好的押花底卡镶入树脂小画框中，即可完成作品。

押花卡片 /创作者 王琪

· 花材

羽毛花、三叶草（白花车轴草）。

· 工具与材料

剪刀、镊子、押花专用白乳胶（手工白乳胶可替代）、市售印刷卡片、热烫胶膜（洞洞膜）。

制作步骤

1 选择一张简单的卡片，在卡片的上下各摆放几枝线条优美的三叶草。

2 再添加色彩鲜艳的羽毛花花朵，用少量白乳胶将构好图的花材粘好。

3 剪一块稍大于卡片的热烫胶膜，揭开胶膜一端的底纸，将胶膜贴在卡片的一端。

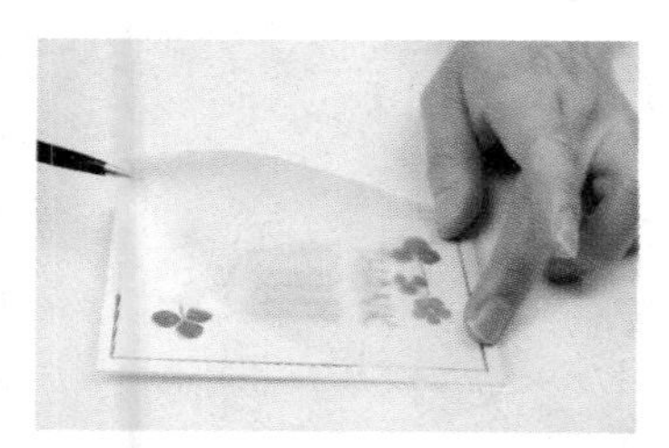

4 揭掉其余的底纸，将胶膜平整贴在卡片表面，并用手指压平压紧，并将边缘多余的胶膜修剪整齐。

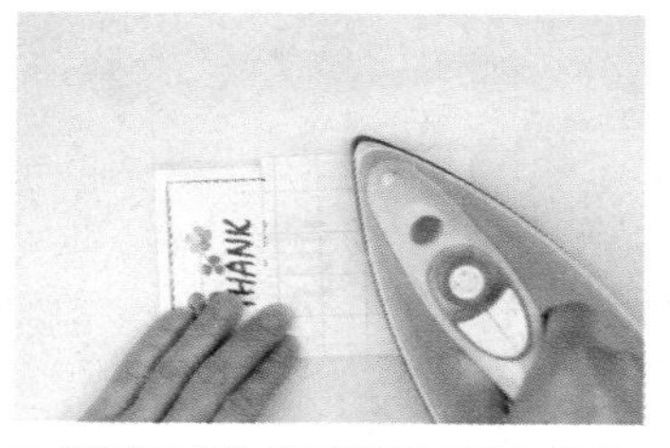

5 将揭下来的底纸光滑面朝向押花作品，盖在胶膜上。电熨斗调到中温，压在上面烫5秒。注意不要来回移动，否则胶膜会起皱。

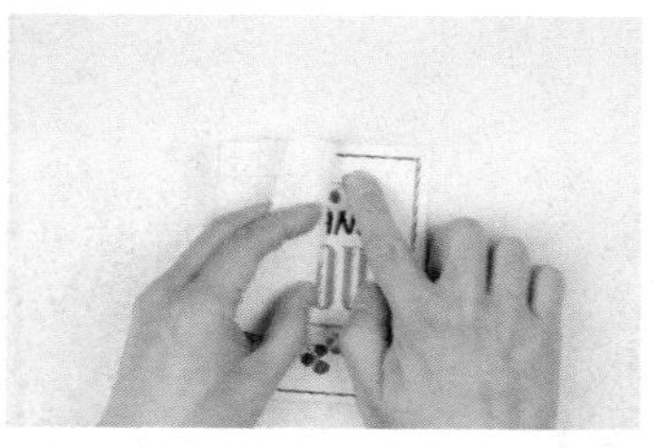

6 迅速掀开保护纸，趁热按压花材部分，使胶膜与花材完全贴合紧密。尤其是某些不太平整的花材，这一步尤其重要。注意温度较高，防止烫伤。

7 用同样的方法将整张卡片都熨烫好，作品即可完成。

Tips: 现在有很多设计简洁的市售印刷卡片，可以用来添加押花，做成漂亮的押花卡片，使卡片更精致。

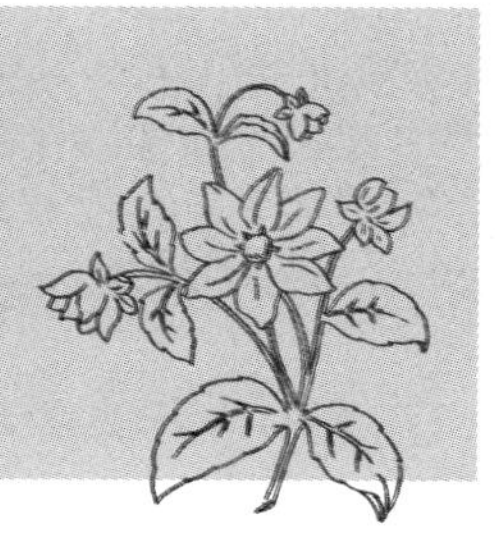

秋日自然风画框 /创作者 裴香玉

秋天的小野花，别有风味，
将回忆与花都通通装入相框。

花材

野棉花、毛茛花、龙胆等各种带枝叶的小野花。

工具与材料

剪刀、镊子、花胶（白乳胶可替代）、牙签、打印好英文字母的硫酸纸，卡纸、日式手染纸、热烫胶膜、椭圆树脂相框。

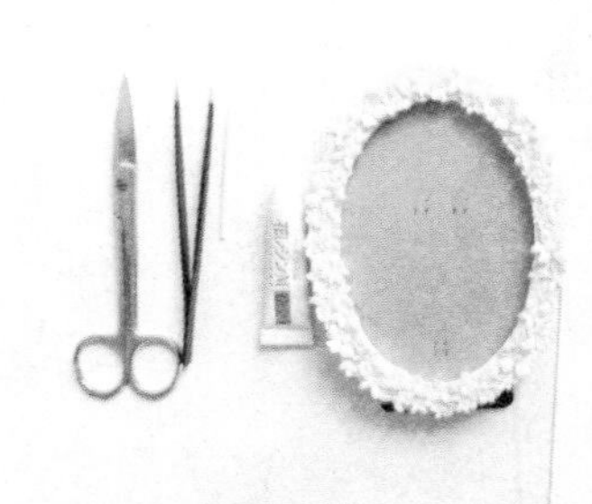

制作步骤

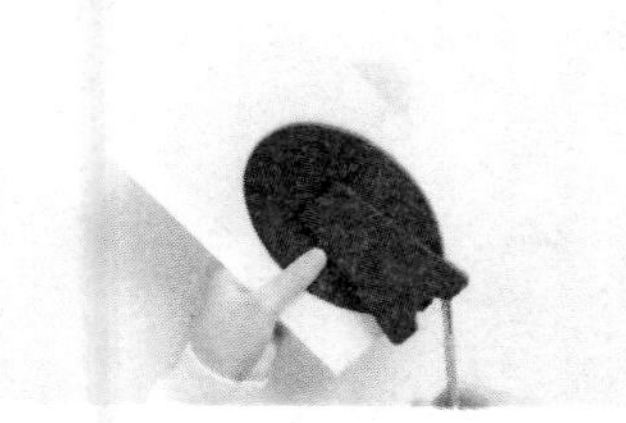

1 选择适宜色调的日式手染纸做背景，将手染纸及卡纸按照相框大小裁减好。

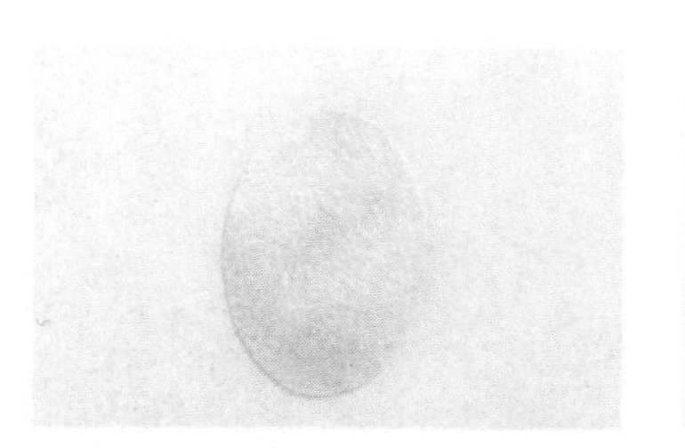

2 在卡纸边缘贴双面胶或使用固体胶将手染纸与卡纸粘合，做背景纸。

3 在制作好的背景卡片上放野棉花、毛茛花作为主花。

4 在主花周围添加其他带枝叶的小野花及叶子，丰富画面。

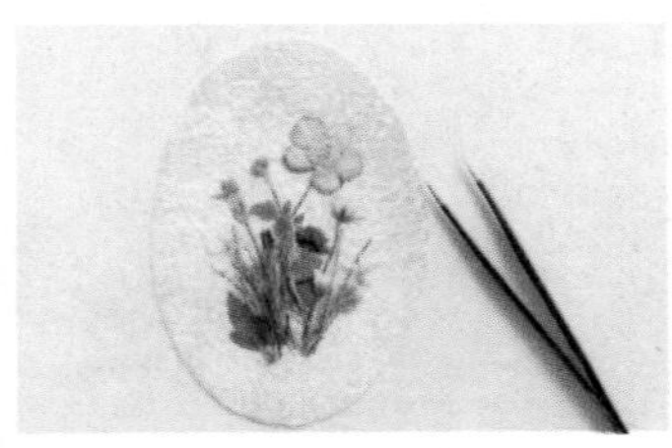

5 加入草穗、小野花点缀，调整整体构图到满意效果，注意花材根部调整在同一水平线。

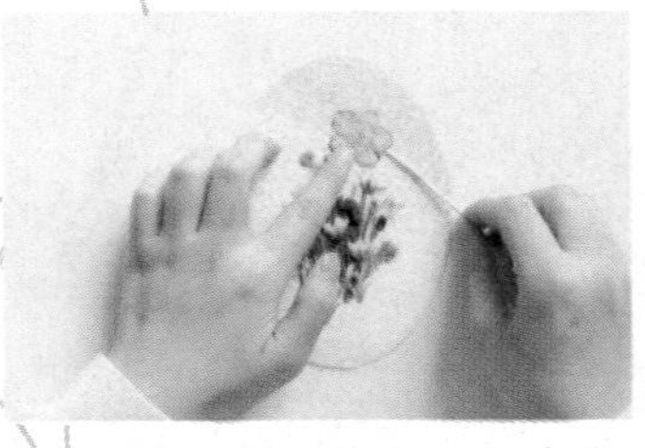

6 用牙签蘸取少量花胶（手工白乳胶可代替）将花材按照构图设计粘贴在背景纸上。

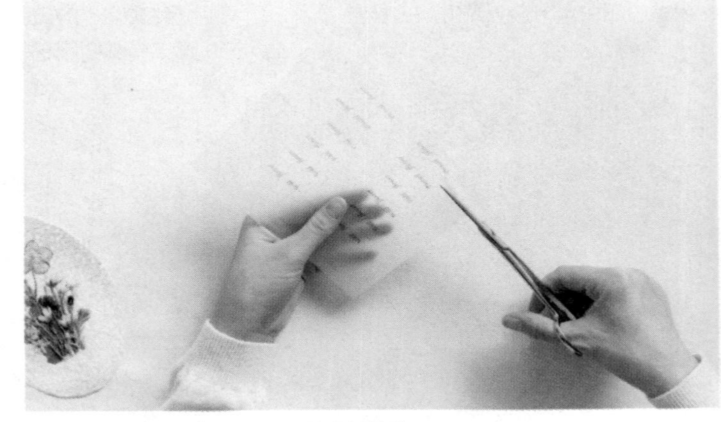

7 将打印好英文单词的硫酸纸剪成标签状。

8 在剪好的英文标签纸上均匀薄涂一层花胶，粘贴在画面的适宜位置。

制作步骤

（续上）

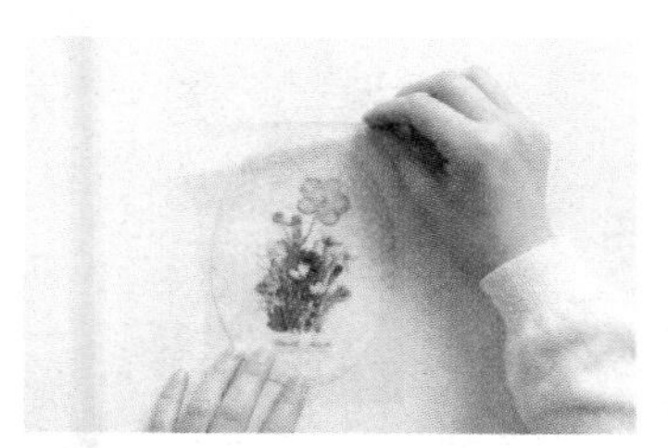

9 在干燥的押花画上覆盖热烫胶膜。

10 在覆膜的卡片上放一层棉布，隔棉布用熨斗将热烫胶膜平整的粘贴在押花画面上。

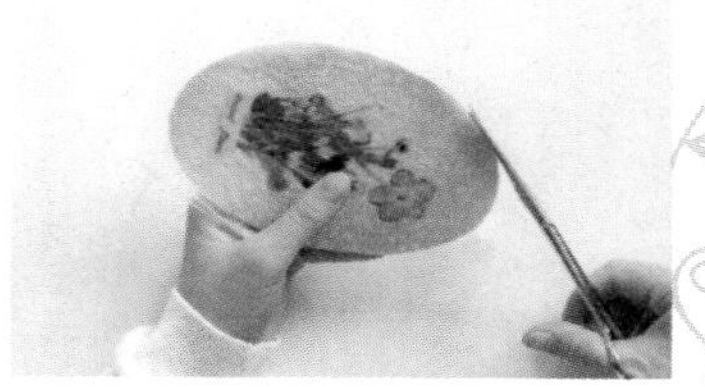

11 用剪刀沿卡片剪去多余的胶膜。

12 将覆好膜的卡片放入相框中，自然风押花画框完成。

押花纪念明信片

/创作者 王琪

秋游的明信片，
加上押花，变得更有纪念意义。

花材

粉色飞燕草、胡萝卜叶、细叶美女樱、小绣球花。

工具与材料

剪刀、镊子、押花专用白乳胶（手工白乳胶可替代）、空白明信片、照片（各种风景、宠物或者具有纪念意义的照片）、双面胶、和纸热烫胶膜、花胶剂。

制作步骤

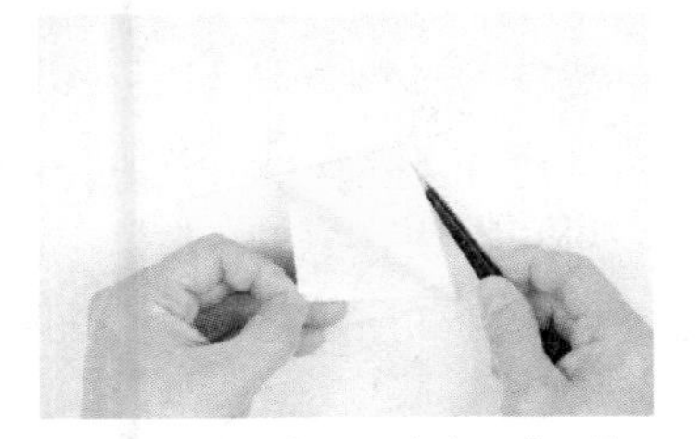

1 将照片修剪为合适大小。剪一块比照片稍大的双面胶，揭开一面的保护纸。

2 将照片背面贴在双面胶上。

3 用剪刀修剪照片边缘多余的双面胶。

4 揭开另一面的保护纸。

5 将照片贴在空白明信片上。

制作步骤

（续上）

6 在照片的两个对角上，各放置一朵粉色的飞燕草。

7 在飞燕草周围配置绿色的胡萝卜叶。

8 再添加色彩丰富的小朵美女樱，丰富画面。

9 空间处可以散落摆放几朵小绣球花，完成构图。

10 在粘贴花朵的时候，只需要在花朵背面中心位置点一小点胶水即可。如果胶水太多，花材可能吸潮变皱，甚至变色。

11 完成好的押花明信片，需要覆盖和纸热烫胶膜进行保护。

12 将和纸热烫胶膜光滑面（带有热熔胶的一面）朝向押花作品，比对好位置，覆盖在押花作品表面。电熨斗调到丝绸温度，压在作品的一端，压烫5秒钟，使胶膜与押花作品固定在一起。

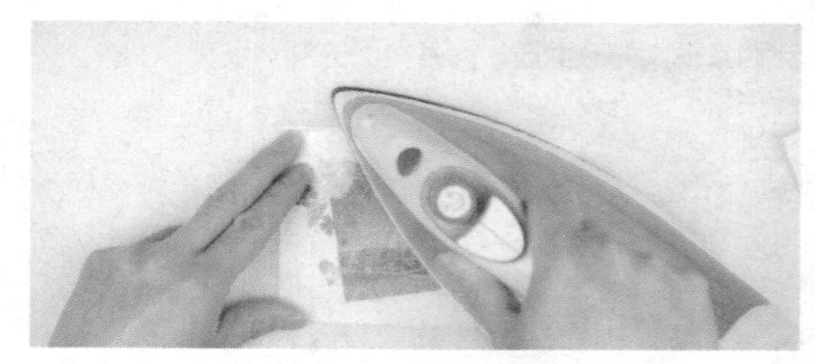

13 从固定的一端开始，熨斗向另一端压烫过去，使和纸热烫胶膜与押花作品表面贴合紧密。

制作步骤

（续上）

14 熨烫和纸热烫胶膜后的押花作品，此时花材显得较为朦胧。如果需要花材的鲜艳色彩突出，可以在花材表面涂抹少量花胶剂。

15 用手指尖沾一点花胶剂，均匀涂抹在押花表面，可以看到花色透过和纸胶膜而显现出来。

16 效果对比，右下角是涂抹过花胶剂的效果，左上角是没有涂抹过花胶剂的。

17 用干净的面巾纸覆盖在涂有花胶剂的部位，轻压（注意：不是擦），让纸巾吸收多余的花胶剂，即可。

押花杯垫 /创作者 王琪

深秋，

天气凉了，沏一壶热茶，配上精致的押花杯垫。

CHOOSE happiness

花材

绣球花、美女樱、叶上黄金、铁线蕨、飞燕草花瓣。

工具与材料

剪刀、镊子、押花专用白乳胶（手工白乳胶可替代）、蛋糕纸、金色英文贴纸、热塑封膜。

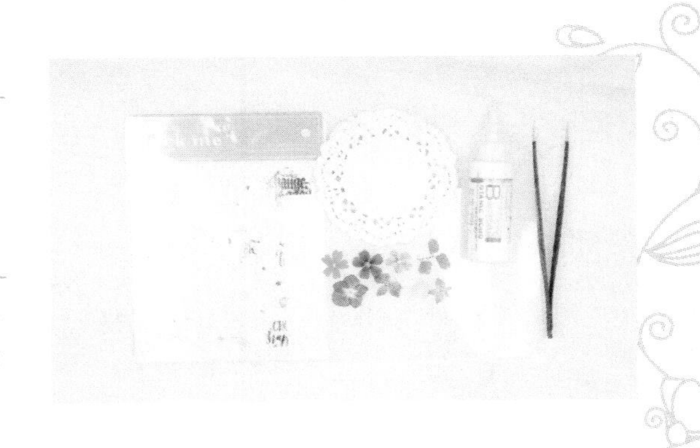

制作步骤

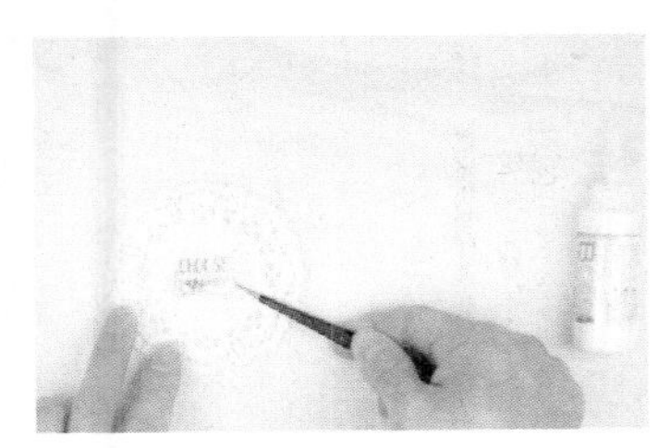

1 选取合适的英文贴纸，贴在蛋糕纸的中间位置。

2 押花杯垫可以采取简单而好看的设计，例如将各种可爱的小花朵围绕一圈即可。用少量白乳胶将押花花朵粘贴在蛋糕纸上。

3 揭开热塑封膜，用镊子将做好的蛋糕纸小心放入塑封膜中。

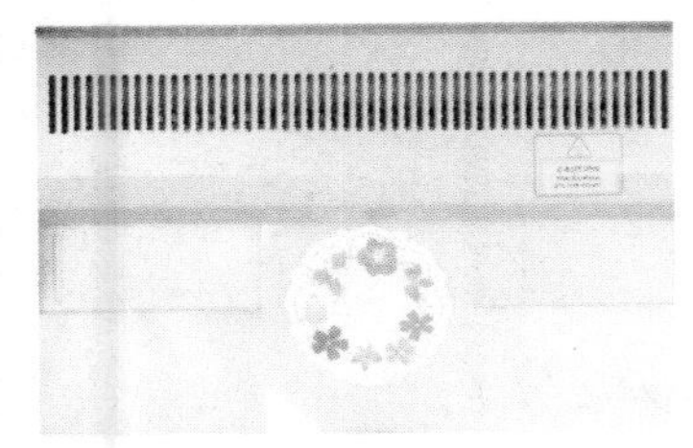

4 根据塑封膜厚度和蛋糕纸厚度，选择合适的过塑温度，进行热过塑处理。

5 过塑后的作品，依据蛋糕纸边缘修剪整齐。

6 完成后的作品。

押花笔筒

/创作者 王琪

花材

六倍利的花与叶。

工具与材料

剪刀、镊子、双面胶、花胶剂、底卡纸、极薄和纸、粉彩棒、透明亚克力笔筒。

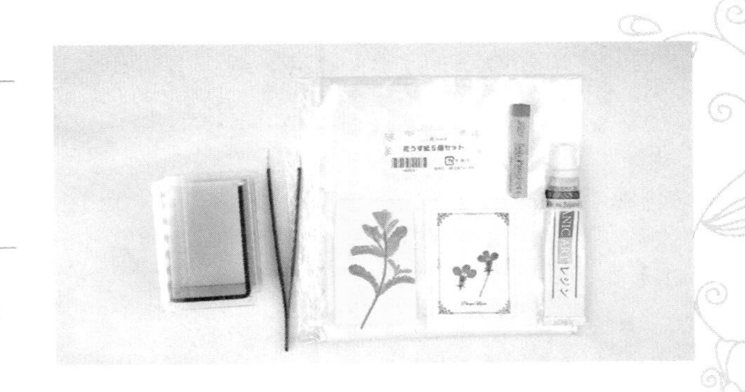

制作步骤

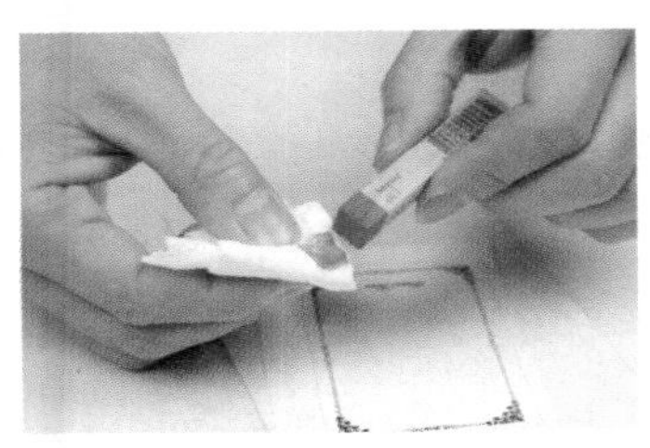

1 花边底卡纸可以自己用软件排版并打印出来。用纸巾沾粉彩。

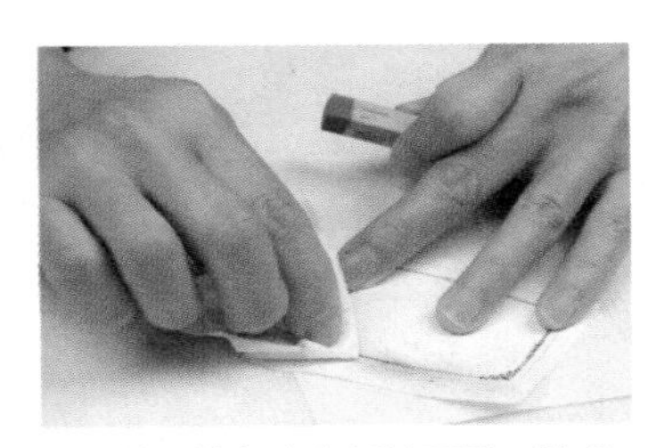

2 将粉彩擦在底卡纸的四周，做成复古的色彩效果。

3 处理完成的底卡纸。

4 剪一张与底卡纸一样大小的双面胶膜，揭开一面的保护纸，贴在底卡纸上。

5 揭开另一面的保护纸，露出粘贴面。揭下的保护纸可以贴在卡片左下角，方便操作。

6 将六倍利枝叶摆在底卡纸的中下部，放的时候小心轻放，避免花材完全粘贴在双面胶膜上，这样万一需要调整，还可以用镊子将花材小心夹起来。

7 在枝叶上方添加两朵六倍利花朵，构图即可完成。

8 将保护纸光滑一面贴在做好的押花底卡纸上，边缘留一长条。

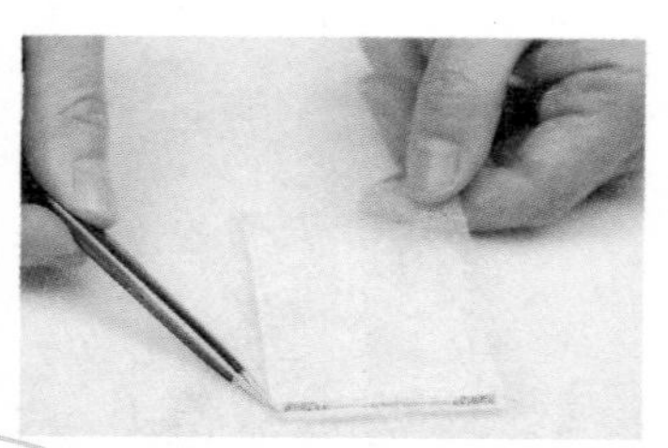

9 剪一张比卡片稍大的极薄和纸，将和纸一边黏贴在底卡纸一端。

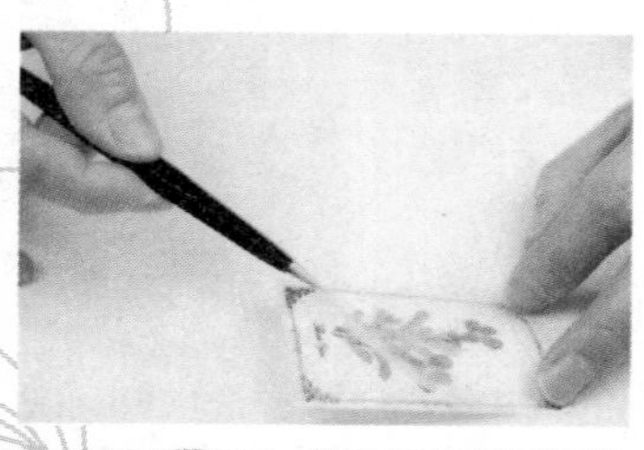

10 揭开保护纸，将和纸全部平整地贴到卡片表面。

11 手指按压花材的边缘，使花材与底卡贴合紧密，表面的极薄和纸也完全贴合到底卡上。

制作步骤

（续上）

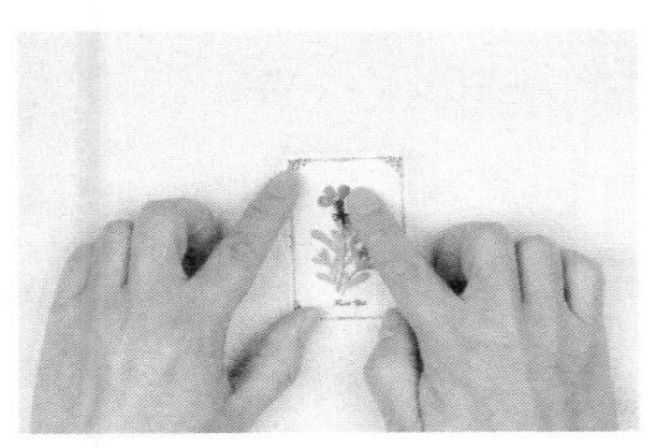

12 在手指上稍微沾一点花胶剂，涂抹在押花花材表面，可以看到鲜艳的花色从和纸下面透出来。

13 有押花的部分全部涂好，这样底卡就制作完成了。

14 用剪刀修剪边缘多出来的极薄和纸。

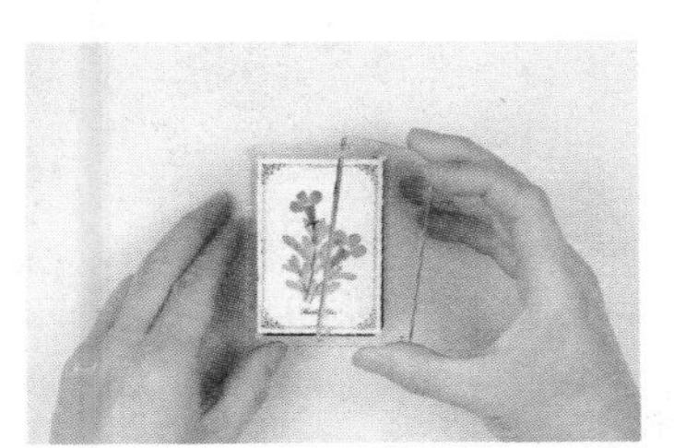

15 打开亚克力笔筒的盖子，将做好的押花底卡放进去，盖好盖子，四角磁铁对准合上。

16 制作完成的亚克力押花笔筒。

押花钥匙扣 /创作者 王琪

闲暇时光，
有剩下的细碎小花，
就做成钥匙扣吧！

花材

美女樱各色、勿忘我、六倍利、金雀花叶、蕾丝花。

工具与材料

剪刀、镊子、空白钥匙扣、押花专用白乳胶（手工白乳胶可替代）、彩色薄纸、心形贴纸。

制作步骤

1 依据钥匙扣内框大小，剪一块彩色薄纸作为底纸。

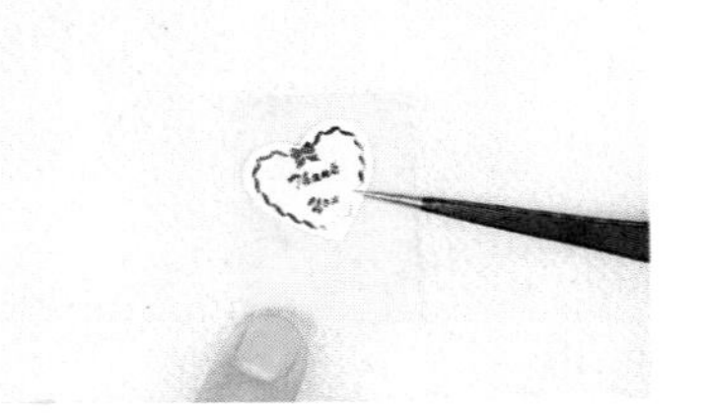

2 将心形金色贴纸斜贴在底纸的上方。

3 在心形下方放置美女樱、六倍利、蕾丝花。

制作步骤

（续上）

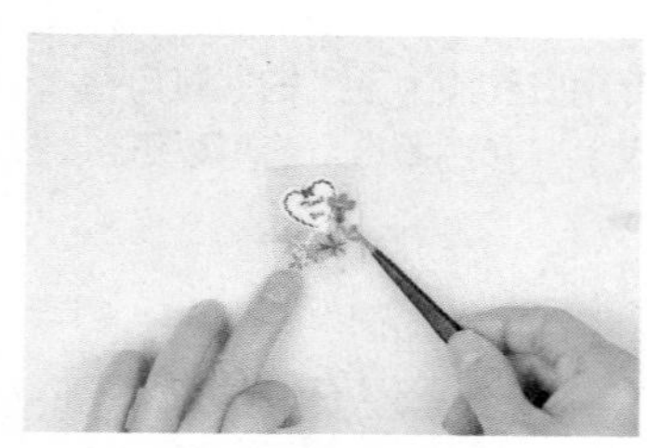

4 在花的周围配置金雀花的绿色小叶片。

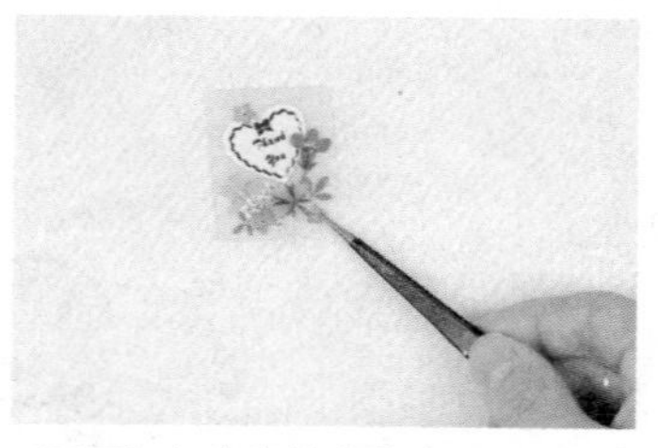

5 再添加勿忘我的小花朵，心形上方也放一朵，丰富画面。

6 用少量白乳胶将构好图的花材粘住。

7 将押花底纸放入钥匙扣中。

8 将反面的盖子扣上，即可。

9 完成好的押花钥匙扣。

Tips: 在潮湿地区，为了更好地保护花材，可用透明胶膜即冷裱膜密封后再放入钥匙扣中。

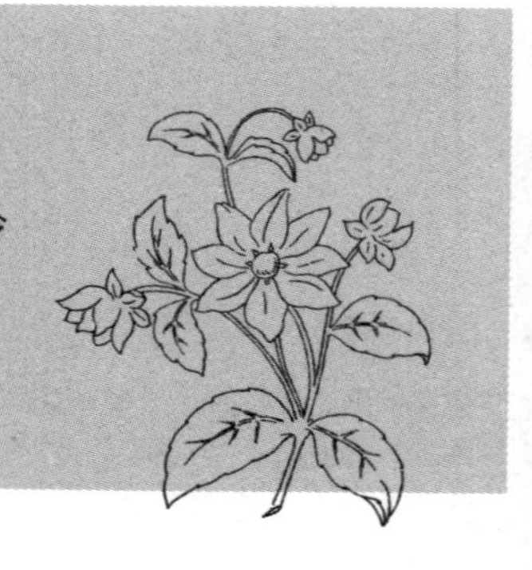

冬季

押花日记里的四季

押花手镯

/创作者 裴香玉

一个暖色系的手镯，
拉开了冬天的帷幕。

花材

绣球、香雪球、蕾丝花。

工具与材料

剪刀、镊子、UV胶、UV手电筒、手镯底托、宝石片。

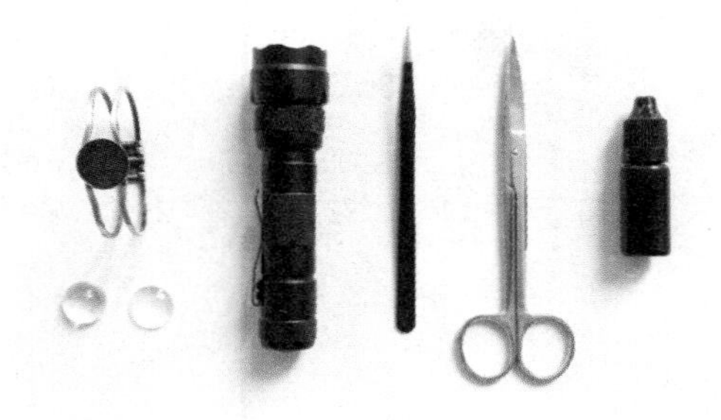

制作步骤

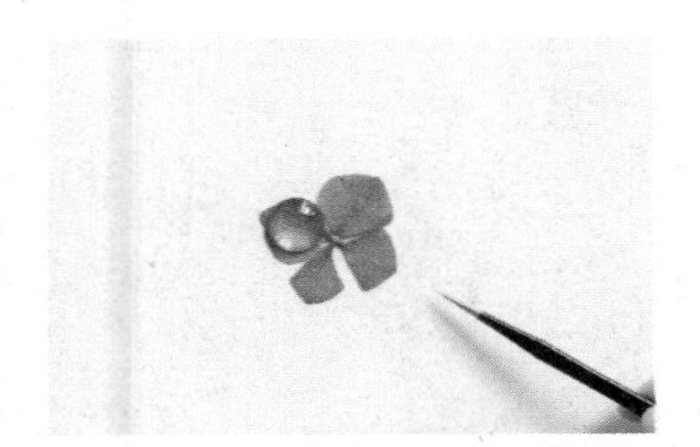

1 将宝石片放在绣球上，挑选花瓣颜色、纹理适宜的部分做宝石片的背景。

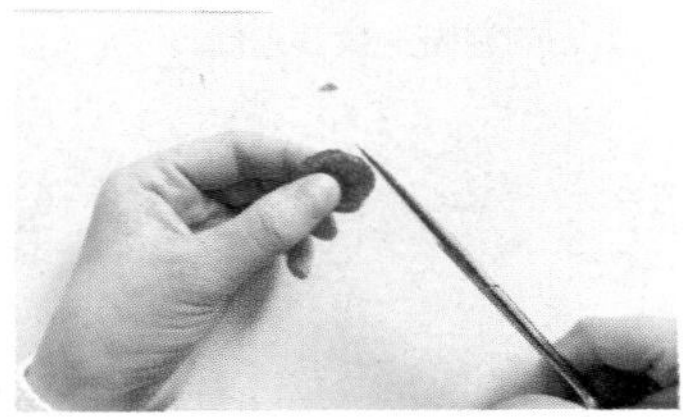

2 将选好的绣球花瓣按照宝石片的大小用剪刀剪下来。

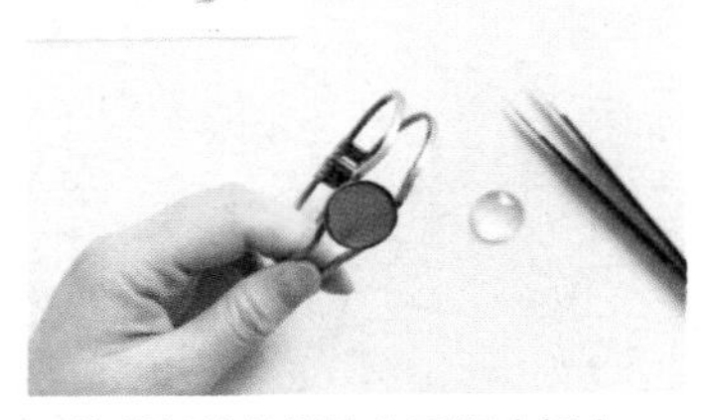

3 将剪好的花瓣放在手镯底托上，注意绣球花瓣不用剪得完全贴合底托，预留一点空间或者剪一个小口，以保证胶可以渗到底托四周，使宝石片与底托粘连。

制作步骤

（续上）

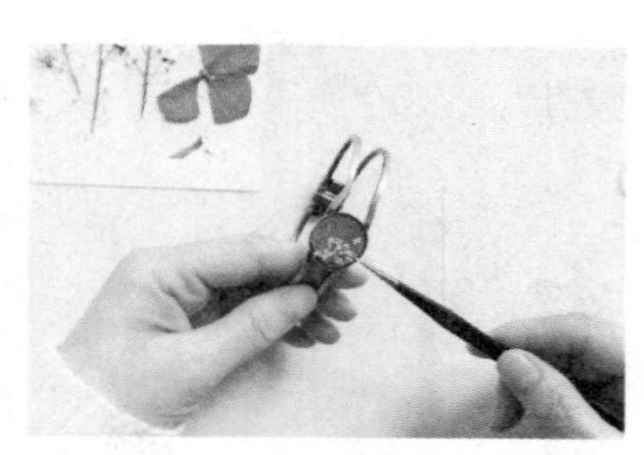

4 在绣球花瓣背景上放蕾丝花。

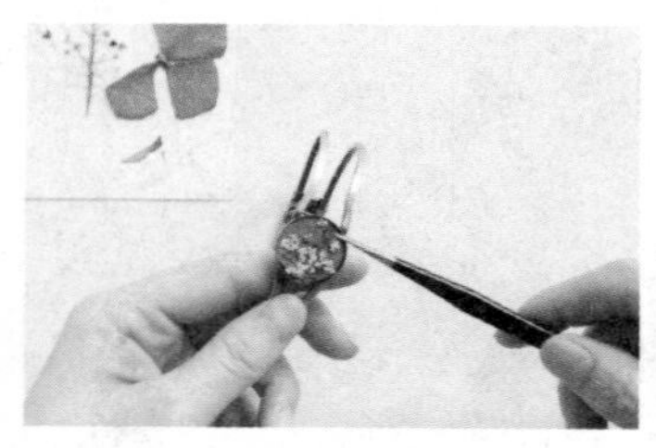

5 在蕾丝花中插入紫色香雪球。

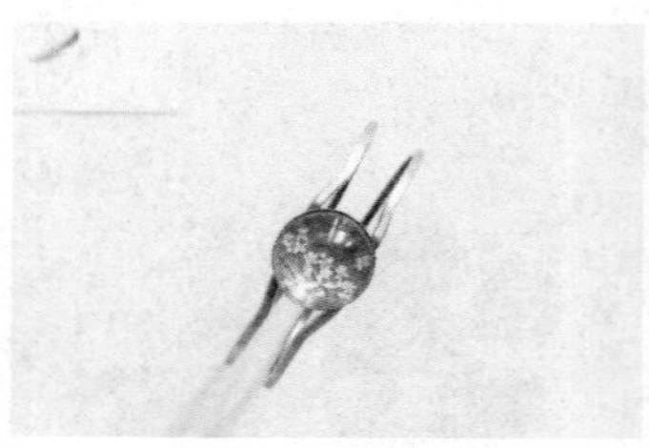

6 将宝石片盖在放好花材的底托上，时光宝石会使平面设计变形，利用宝石片的特性调整构图至满意的状态。

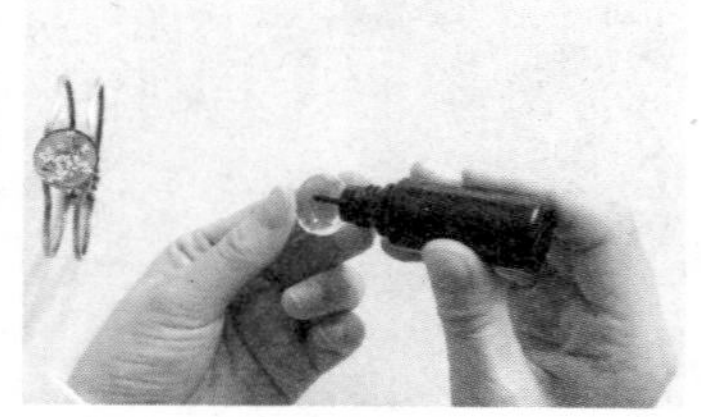

7 将UV胶由中间至边缘挤在宝石片上，UV胶要铺满宝石片，不要有空隙。

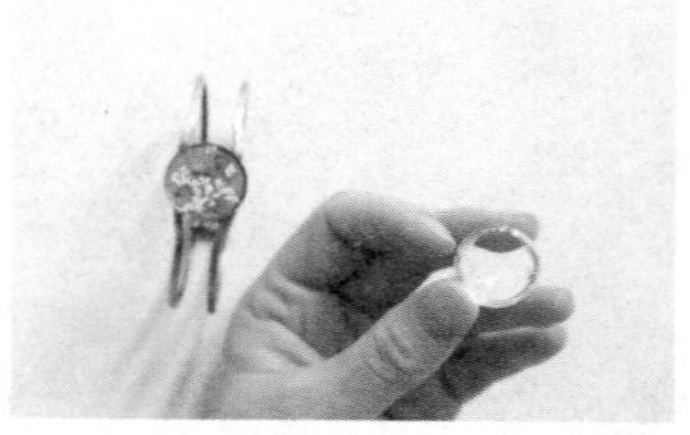

8 涂在宝石片上的UV胶应适量，2～3mm厚度左右，以宝石片盖在底托上四周溢出少量胶为佳。

9 将涂好胶的宝石片盖在放好花材的底托上，用拇指压紧，挤压出气泡和多余的胶。

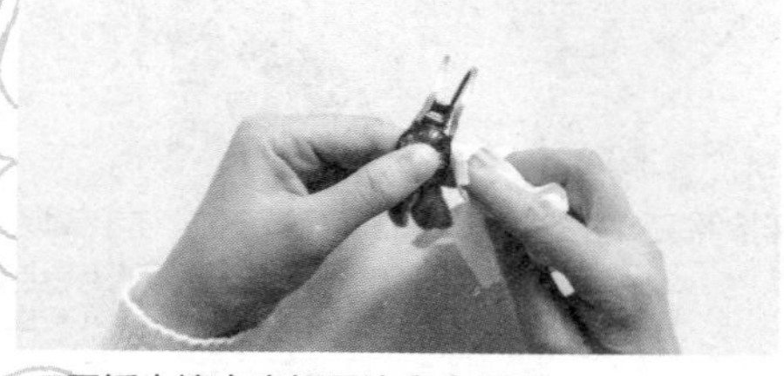

10 用纸巾擦去底托周边多余的胶。

11 用紫外线手电筒照射宝石片15～30秒，使UV胶固化。

制作步骤

（续上）

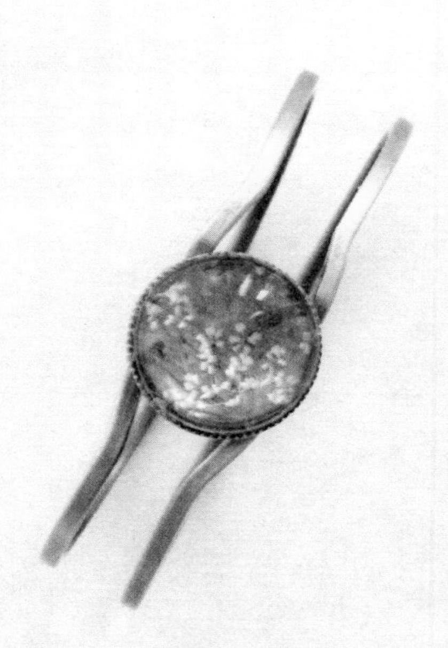

12 押花手镯完成。

Tips: 宝石片一般有半球和1/4凸面两种，可根据喜欢的效果选择。挤在宝石片上的胶应适量，过薄或过厚都会影响制作效果。

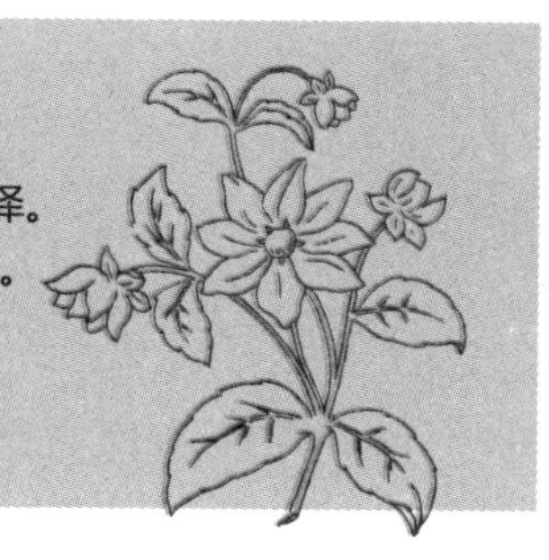

押花瓷罐 /创作者 裴香玉

花材

仙客来花朵（带杆）、叶子、花苞若干。

工具与材料

剪刀、镊子、牙签、花胶（白乳胶可替代）、卡纸、双面胶、冷裱膜、空白瓷罐（玻璃罐也可）、和纸胶带。

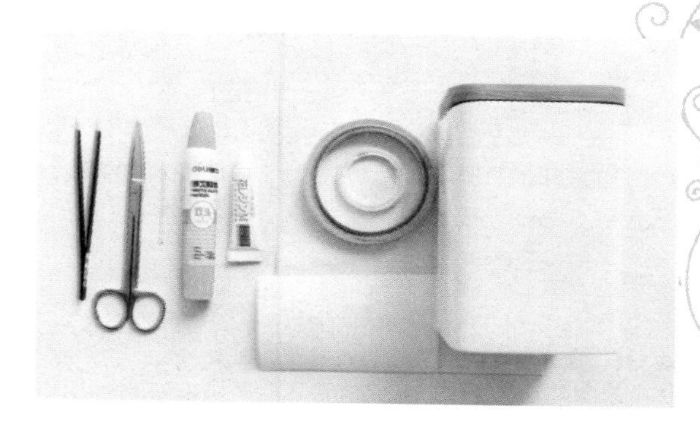

制作步骤

1 将卡纸根据罐子表面大小裁剪到适宜尺寸。

2 在裁剪好的卡纸四周贴上和纸胶带作为装饰。

制作步骤

（续上）

3 粘好的和纸胶带呈边框状。

4 在装饰好的卡纸上构图，先放上仙客来的叶子。

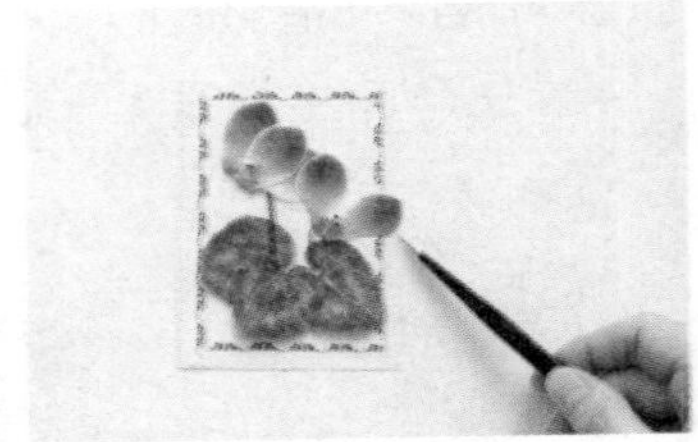

5 再放上带杆的仙客来花朵。

6 添加仙客来的花苞，完成构图。

7 用牙签蘸取少量花胶将花材按照摆放好的位置粘贴在卡纸上。

8 待胶充分干燥后覆盖冷裱膜，用指腹将膜按平整，沿着卡纸边缘剪掉多余的冷裱膜。

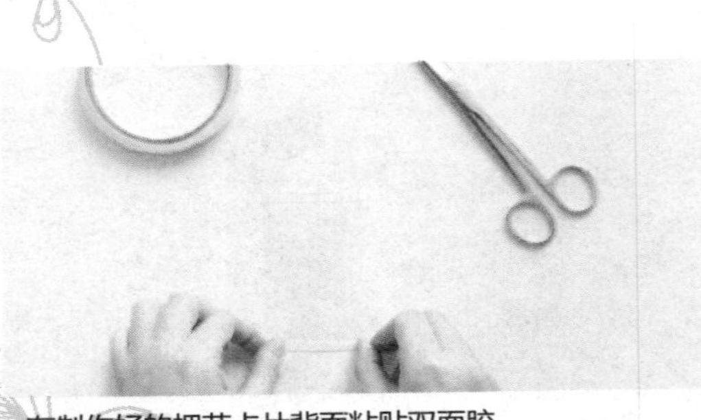

9 在制作好的押花卡片背面粘贴双面胶。

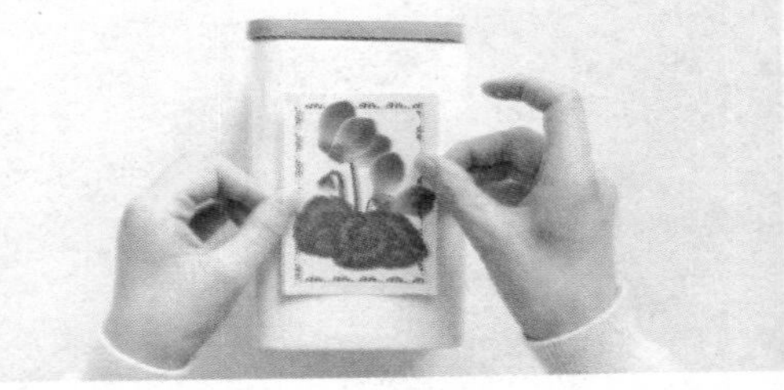

10 撕去双面胶的离型纸，将押花小卡片粘贴在瓷罐上。

制作步骤

11 押花瓷罐完成。

Tips: 该方法也适用于装饰玻璃罐、笔记本等其他物品。

押花时钟

/创作者 裴香玉

花材

冷水花叶子、勿忘我、粉色米花、蕾丝花。

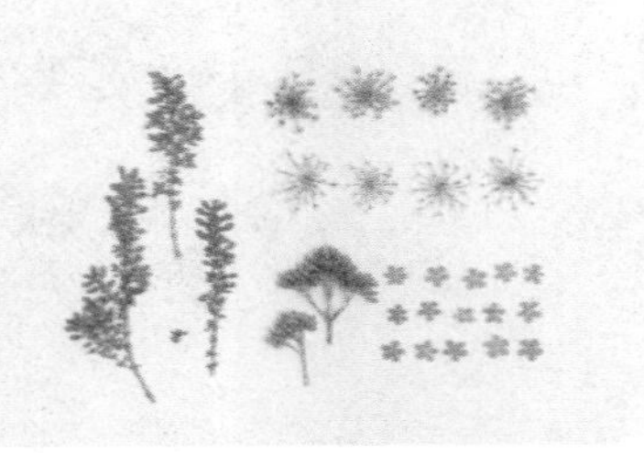

工具与材料

剪刀、镊子、螺丝刀、牙签、花胶（白乳胶可替代）、冷裱膜、空白时钟（可拆卸表盘）。

制作步骤

1 用螺丝刀将时钟拆开，取出表盘，揭下表盘上的卡纸，也可自行准备喜欢的卡纸替代。

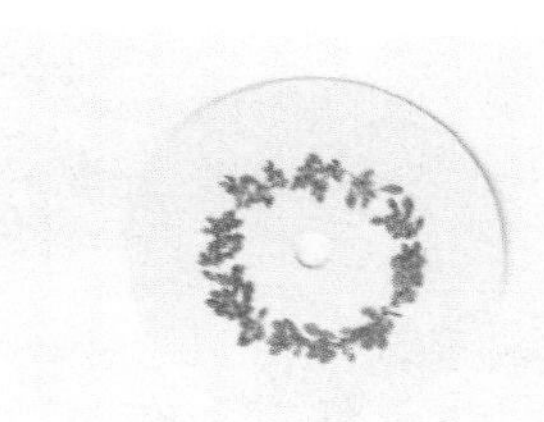

2 在表盘大小的圆卡纸上构图，将冷水花叶子摆成环状。

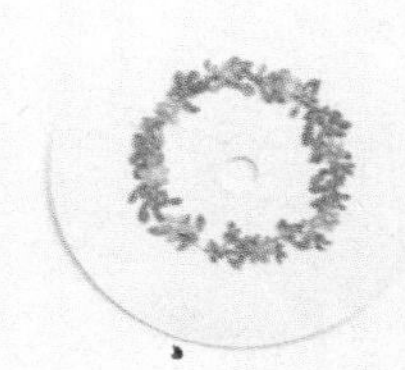

3 在叶子上面均匀放上勿忘我。

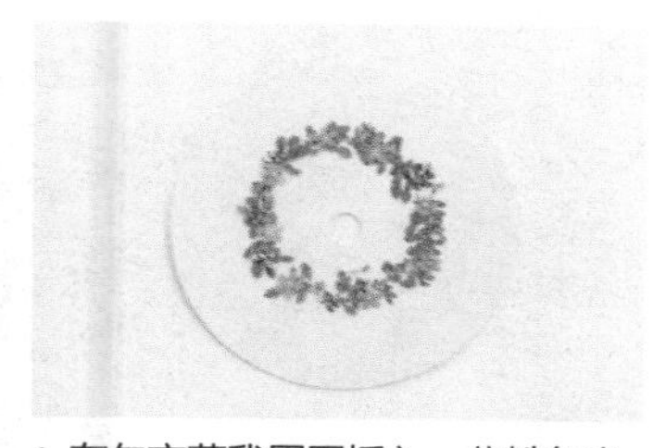

4 在勿忘草我周围插入一些粉色米花点缀。

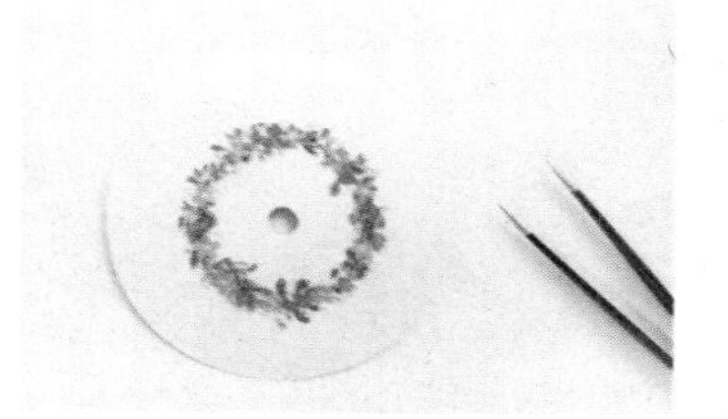

5 在花环周围放上黄色和白色蕾丝花，使花环丰富饱满，完成花环的构图。

6 使用花胶或手工用白乳胶将花黏贴在圆卡纸上。

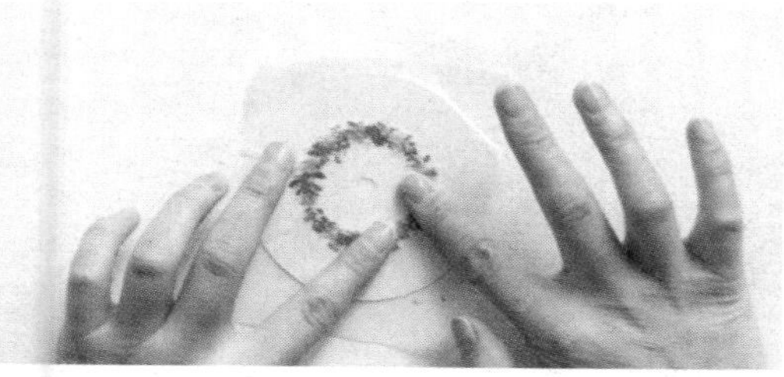

7 在完成好的花环上贴上冷裱膜，并用指腹按平整，沿卡纸边缘剪去多余的冷裱膜。

8 将制作好的押花卡片粘贴在表盘上，安装好，押花时钟完成。

布面押花笔记本

/创作者 王琪

花材

勿忘我、白晶菊的花朵与叶子、小银莲花、美女樱、黄莺。

工具与材料

剪刀、镊子、押花专用白乳胶（手工白乳胶可替代）、布面笔记本、烫金文字贴纸、热烫胶膜（洞洞膜）。

制作步骤

1 笔记本选择封面简洁，没有太多其他元素的素本较好。在笔记本封面中间偏上的位置，贴上烫金贴纸。

2 首先放置两枝较长的勿忘我花枝，决定作品构图的高度。

3 左右再各放两枝有弧度的勿忘我花枝，决定作品构图的宽度。

4 在勿忘草周围添加小银莲花，高度不要超过勿忘我，高低错落放置。

5 在花枝的下方摆放白晶菊的叶片，遮盖住花枝的末端。

制作步骤

（续上）

6 空白的地方可以添加一些细碎的花枝，例如黄莺的花枝。

7 在中间偏下方的位置放两朵白晶菊，作为主花，并达到提亮作品色调的目的。

8 再添加一些色彩鲜艳的小花朵，例如美女樱，丰富画面和颜色。

9 构图完成后，仔细粘贴好花材。（此处换用了另一本已粘贴好花材的笔记本）

10 剪一块稍大于笔记本封面的热烫胶膜，揭开胶膜一端的底纸，将胶膜贴在封面的一端。

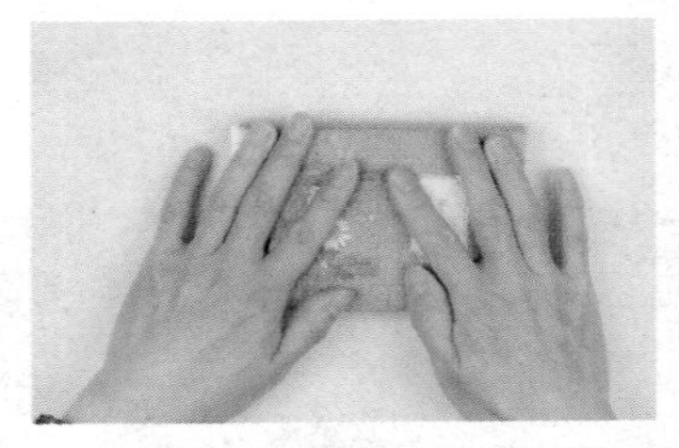

11 揭掉其余的底纸，将胶膜平整贴在笔记本表面，并用手指压平压紧。

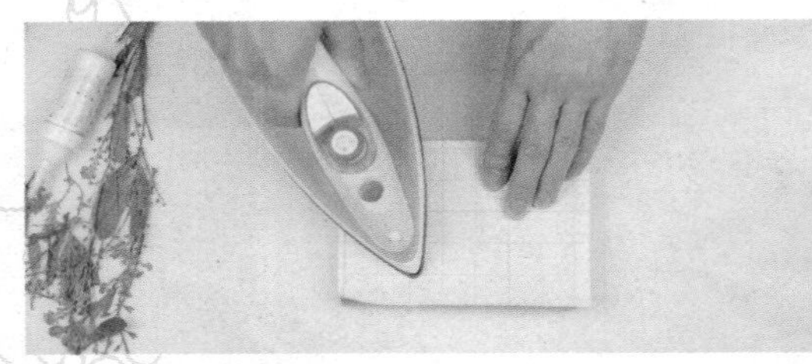

12 将揭下来的底纸光滑面朝向押花作品，盖在胶膜上。电熨斗调到中温，压在上面烫5秒，使胶膜的一部分与笔记本封面贴合。注意不要来回移动，否则胶膜会起皱。

13 将笔记本边缘的胶膜修剪整齐。

制作步骤（续上）

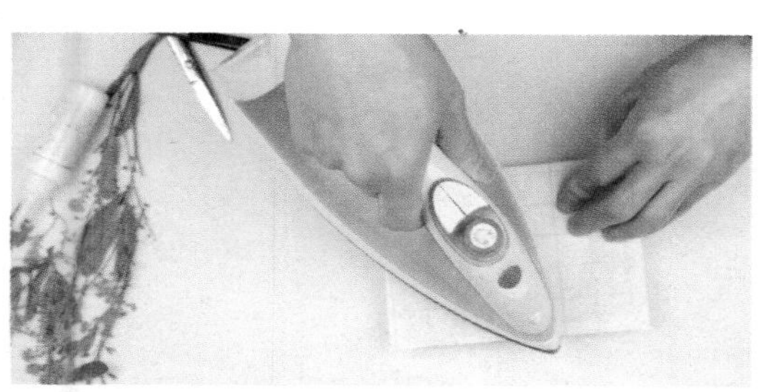

14 再次将底纸光滑面朝向押花作品，盖在胶膜上。电熨斗调到中温，使胶膜整体与笔记本封面完全贴合紧密。注意不要来回移动，否则胶膜会起皱。

15 迅速掀开保护纸，趁热按压花材部分，使胶膜与花材完全贴合紧密。尤其是某些不太平整的花材，这一步尤其重要。注意温度较高，防止烫伤。

16 笔记本边缘部分可以用熨斗压烫一下，使之贴合紧密并且自然。

17 完成好的布面押花笔记本作品。

信笺&信封

/创作者 裴香玉

信笺与信封，传达思念之情，
冬天的小押花能传送好心情。

花材

星芹、芝樱、美女樱、网纹草等花型好看的花朵、叶子。

工具与材料

剪刀、镊子、花胶、双面胶纸、极薄和纸、信封、信纸。

制作步骤

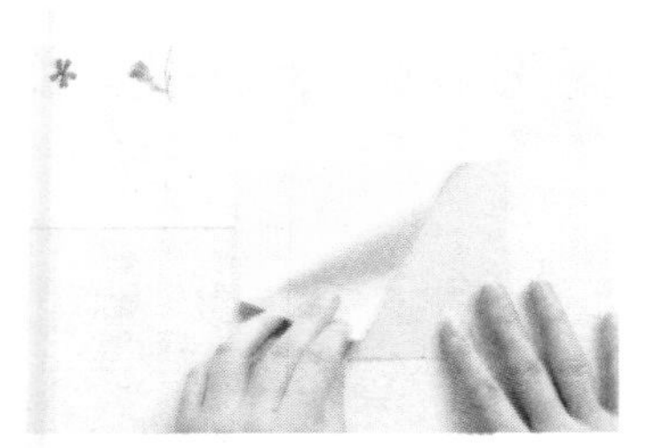

1 撕去双面胶纸一面的离型纸。

2 将押好的花放在胶纸上。

3 将押好的花朵、叶子放满胶纸，注意花朵和花朵、叶子之间留有一定距离，不要重叠。

制作步骤 （续上）

4 在放好花材的胶纸上覆盖一层极薄和纸。

5 用手指指腹轻轻按压、抚平极薄和纸，使其平整地粘合在放好花材的胶纸上。

6 挤出适量花胶，用手指指腹均匀涂在覆盖了极薄和纸的花朵、叶片上，涂抹了花胶的花朵、叶子自然而清晰地显现出来。

7 用纸巾轻轻按压吸取多余的花胶。

8 用剪刀沿着据花材边缘1～2mm的距离剪下花材。

9 待表面的花胶充分干燥后，撕去离型纸，可将花材贴在信纸、信封上的适宜位置以装饰信纸、信封。

制作步骤 （续上）

10 押花信笺、信封完成。

Tips: 韩纸膜可替代极薄和纸。冷裱膜也可替代极薄和纸+花胶。

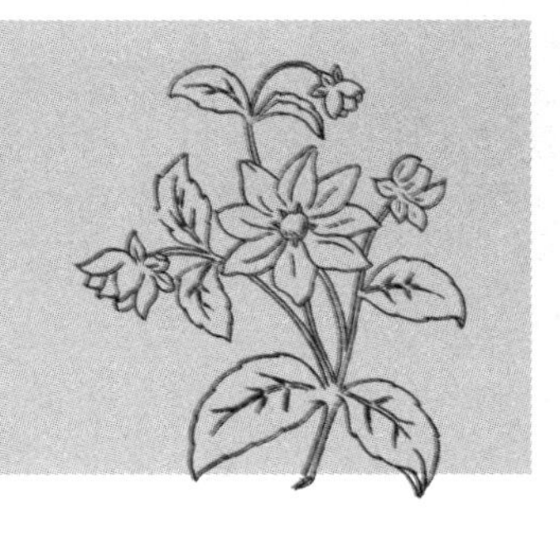

圣诞押花 /创作者 王琪

圣诞节，鲜花、蜡烛与回忆，
用押花记录下这美好时光。

花材

红色小玫瑰花朵、风船葛叶片、白晶菊花朵、美女樱晕紫色、白晶菊小花枝。

工具与材料

镊子、押花专用白乳胶（手工白乳胶可替代）、黑色珠光卡纸、蜡烛（用米白色卡纸制作）、小花美甲贴、银色英文贴纸。

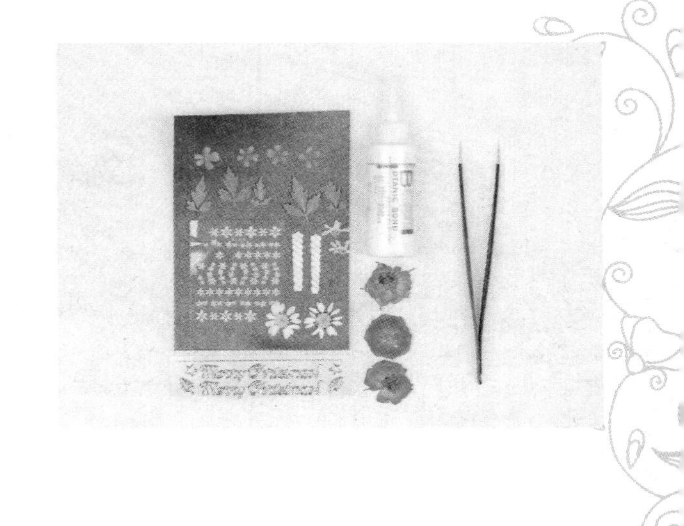

制作步骤

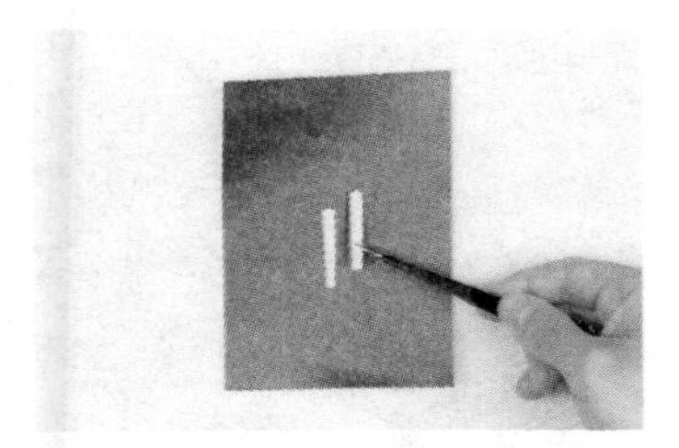

1 在底卡纸的中间位置高低错落放两支圣诞蜡烛。

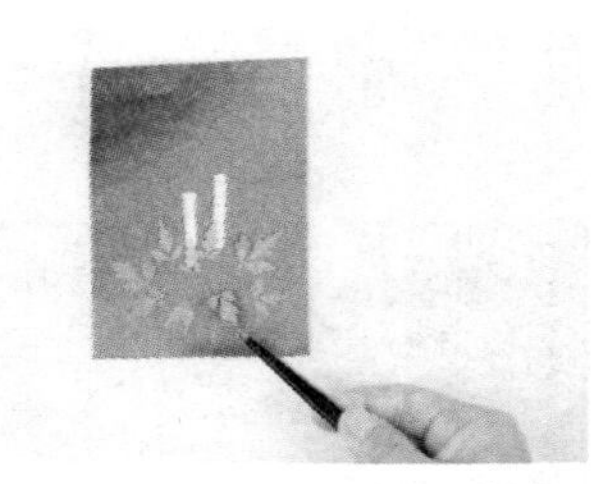

2 在蜡烛的下方放射状放置风船葛的叶片，稍盖住蜡烛的根部。

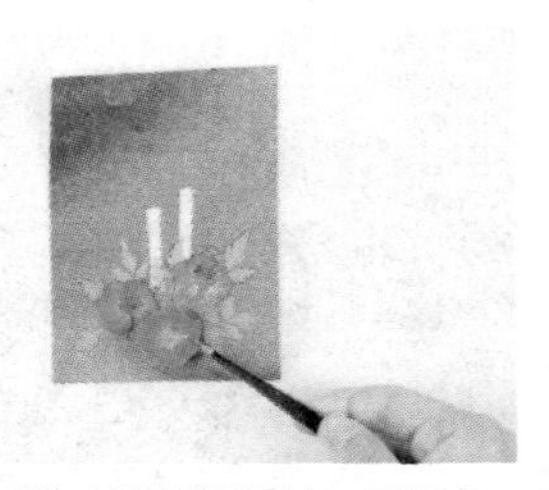

3 在风船葛叶片中间摆放三朵红色小玫瑰花朵。颜色花形最好的花朵，要放在焦点位置。

制作步骤

（续上）

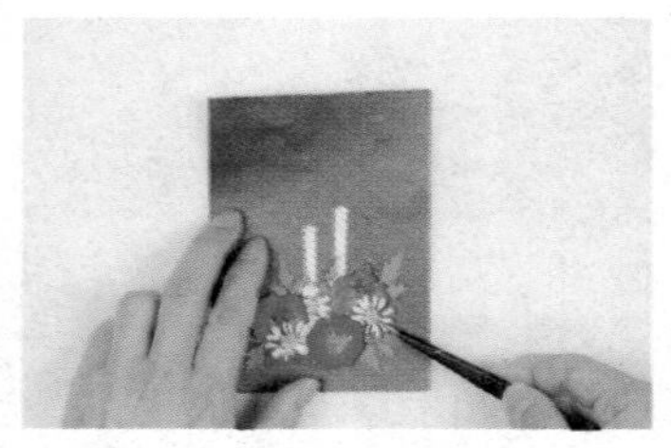

4 在小玫瑰中间穿插摆放白晶菊花朵，营造层次感，并增加色彩变化。

5 在小玫瑰和白晶菊之间再穿插摆放晕紫色美女樱花朵，使色调更为丰富。

6 蜡烛的左上方也放一朵美女樱花朵，类似随风飞舞的感觉。

7 在作品的上方贴上祝贺圣诞的银色英文贴纸。

8 作品右侧再摆放两枝白晶菊的小花枝，增加线条感和平衡感。

9 用镊子夹取小花朵造型的美甲贴纸，穿插摆放于押花之间，使画面显得生动，富有变化。

10 银色英文贴纸的周围也适当摆放几朵小花朵。

11 选择两片形状比较完美的小玫瑰花瓣，做成蜡烛燃烧的火焰。

12 用少量白乳胶将构好图的花材粘好，密封处理后可放置于画框中长久保存并欣赏（密封处理方法参看第28-29页）。

押花蜡烛 /创作者 裴香玉

花材

带枝叶紫雪茄、紫雪茄花朵、叶子若干。

工具与材料

镊子、不锈钢勺子、复印纸、空白蜡烛、小蜡烛、打火机、化蜡杯。

制作步骤

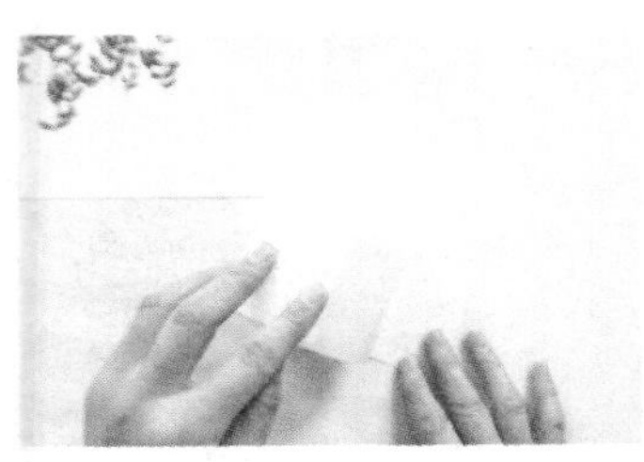

1 将空白复印纸把蜡烛包裹，以量取蜡烛的平面大小。

2 把复印纸按照蜡烛的平面大小裁剪下来。

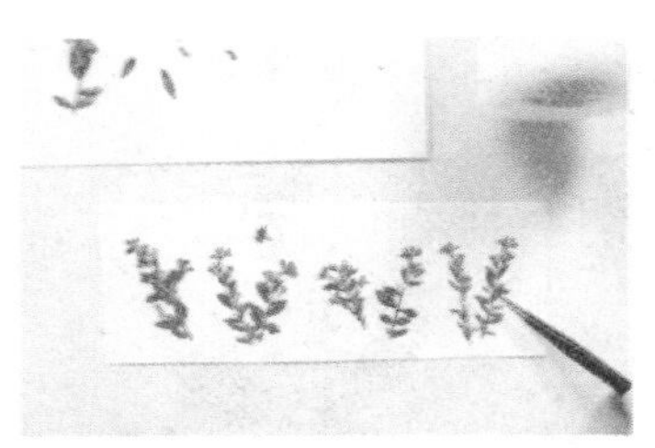

3 在裁好的复印纸上构图，将紫雪茄的枝条、叶子、花朵错落摆放至自然的状态。

· 制作步骤

（续上）

4 点燃小蜡烛，将不锈钢勺子的凹面放在火苗上加热。

5 用已经加热的勺子凸面将花材熨烫在蜡烛上。

6 熨烫时注意熨烫的力度及勺子停留在花材上的时间，以1～3秒为佳，根据花材的厚度和勺子的温度适当调整，尽量熨烫平整。

7 按构图将花材慢慢熨烫在整个蜡烛上。

8 将同样质感的另一支蜡烛放在化蜡杯里隔水加热至蜡烛融化成蜡液，注意融化的蜡液的量应足够制作的押花蜡烛整个浸入。

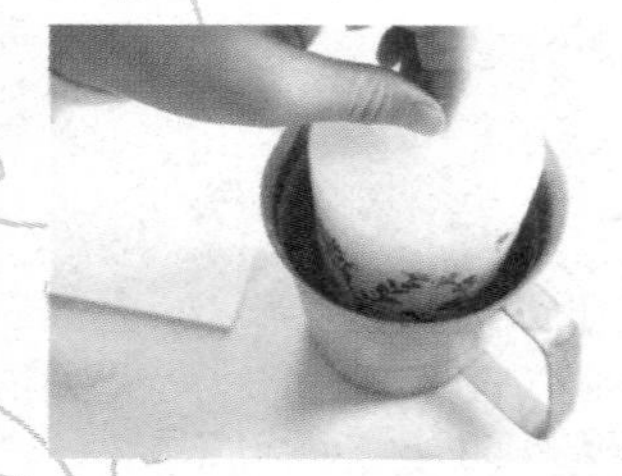

9 将烫好花材的蜡烛放进化蜡杯蘸取已融化好的蜡液，蘸取蜡液不要超过蜡烛高度。

10 将蘸好蜡液的蜡烛迅速提起停1～2秒，避免多余的蜡烛堆积的蜡烛底部。

11 蘸好蜡液的蜡烛静置5～10分钟，待蜡烛干透。

12 押花蜡烛完成。

Tips: 1. 蜡烛燃烧时多为内燃式，考虑到使用安全，押花蜡烛的构图设计尽量不要在蜡烛顶端放花材，亦延长蜡烛使用时间。
2. 如遇较厚花材，可按此方法再次蘸取蜡液，使蜡烛平整。

香薰蜡烛杯

/创作者 裴香玉

香薰蜡烛，温暖而芬芳，

杯外的押花，使它更加清新可人。

花材

各色羽毛花花朵、羽毛花叶子。

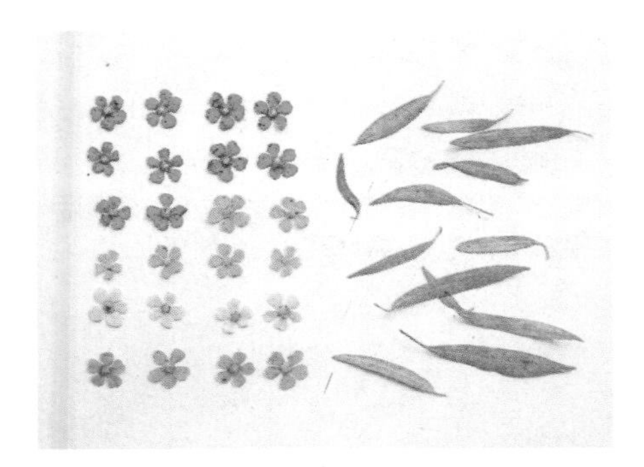

工具与材料

镊子、毛笔、 Mod Podge胶（亮光剂）、香薰蜡烛玻璃杯、花边贴纸。

制作步骤

1 将花边贴纸按照自己的设计贴在空白蜡烛玻璃杯上。

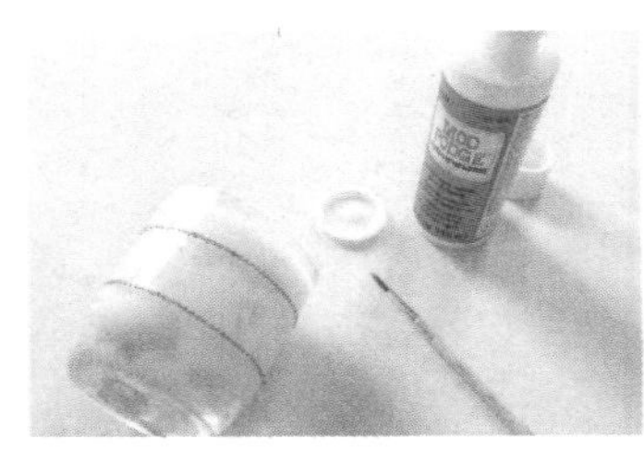

2 挤出Mod Podge胶（亮光剂）适量备用。

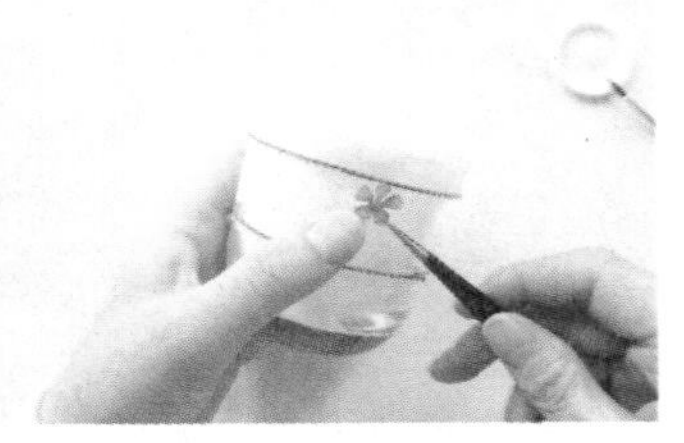

3 设计好花朵在蜡烛杯上摆放的位置。

制作步骤

（续上）

4 用毛笔在羽毛花地背面均匀地刷上Mod Podge胶。

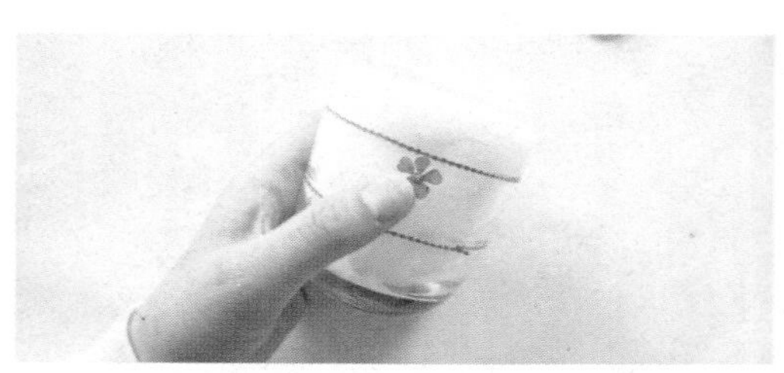

5 将刷好胶的羽毛花放在蜡烛杯上适宜位置，并用手指轻轻按平四周，使其完整地贴合在蜡烛杯上。

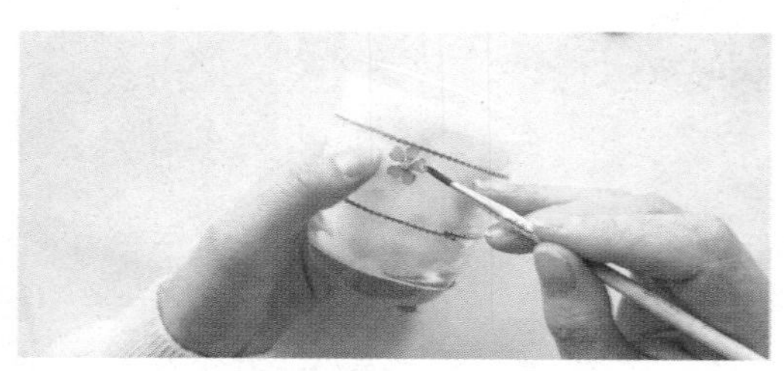

6 在粘好的羽毛花表面均匀地刷一层Mod Podge胶。

7 依同样方法按照设计好的构图用Mod Podge胶把花朵粘在蜡烛杯上。

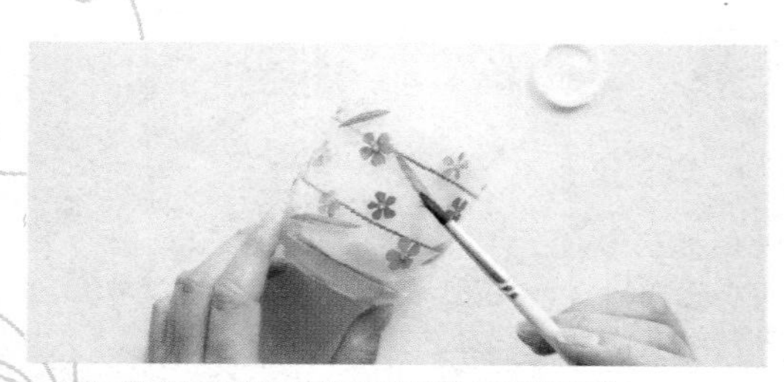

8 依同样方法把叶子搭配花朵粘在蜡烛杯上。

9 用棉签将花材周围多余的胶处理掉，静置待胶干透。

制作步骤

10 押花香薰蜡烛杯完成。

Tips: 该方法适用较薄的花材、叶子和简单的押花设计。
可在花材边缘多刷几次胶，使花朵完全粘在玻璃上。

冬日龙猫

/创作者 裴香玉

冬日闲暇时，静下心来，
做一只暖乎乎的龙猫。

花材

苎麻叶、铁线蕨、槭树叶、角堇、星芹、羽毛花、带枝条野花若干。

工具与材料

剪刀、镊子、花胶（白乳胶可替代）、双面胶、卡纸、日式手染纸、热烫胶膜、椭圆相框。

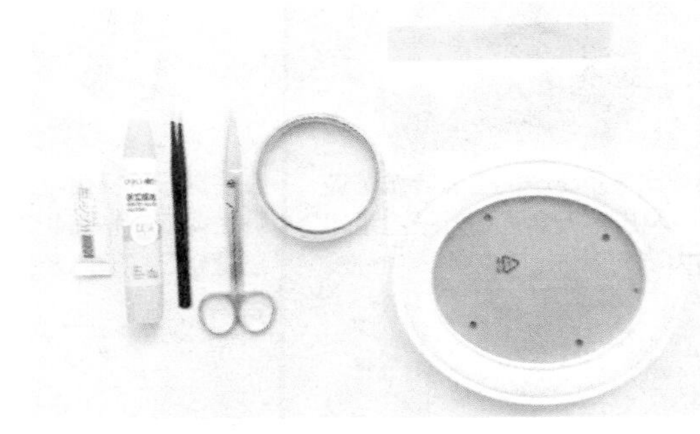

制作步骤

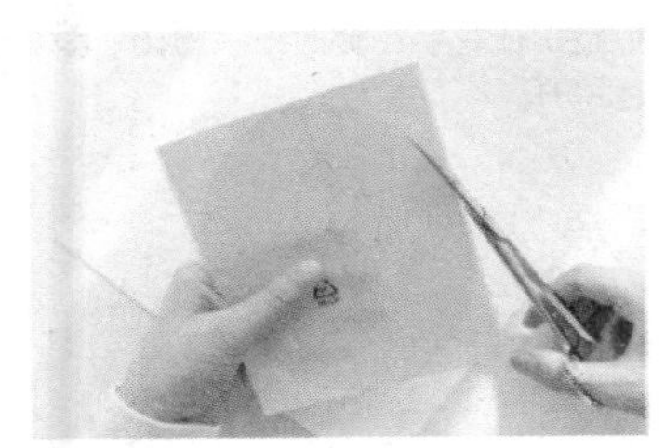

1 选择适宜色调的日式手染纸做背景，将手染纸按照相框大小裁减。

2 将白卡纸按照相框大小裁减，在卡纸边缘贴双面胶，并将手染纸与卡纸粘合。

3 选取适当大小的苎麻叶做龙猫身体，将苎麻叶的细长一端修剪出弧度。

制作步骤

（续上）

4 选取比身子略小的苎麻叶做龙猫肚子，将苎麻叶背面沿叶子边缘的锯齿内测剪下来。

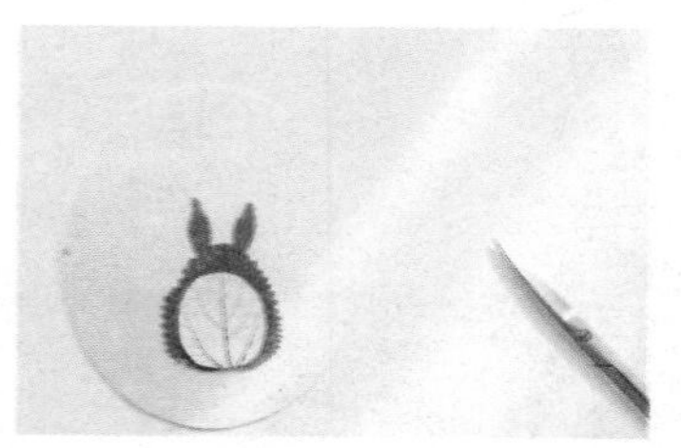

5 将剪好的槭树叶子的正面底端都涂上花胶，粘贴在龙猫的身体上，注意粘贴在苎麻叶的后面，以显得自然。

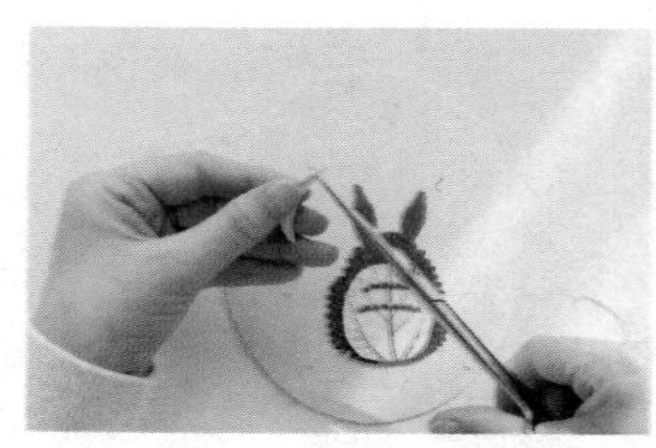

6 将之前裁剪的苎麻叶边缘的锯齿状叶子正面放置龙猫肚子上，做龙猫肚子上的花纹。

7 将涂黑的苎麻叶做成两只眼睛。

8 将涂黑的苎麻叶剪成适宜长度的细条，做龙猫的胡须。

9 将做好的龙猫放在背景纸上适宜位置，在龙猫左侧放三朵主花，颜色错开。

10 在画面适宜位置添加铁叶蕨叶和带枝条的小野花，形成大致轮廓。

11 在画面上端摆放线条感叶子，在空白处添加勿忘我，使整体画面丰富、均衡。

12 用花胶将龙猫以及花朵、叶子等粘贴，待其充分干燥。

制作步骤

（续上）

13 在干燥的押花画上覆盖热烫胶膜。

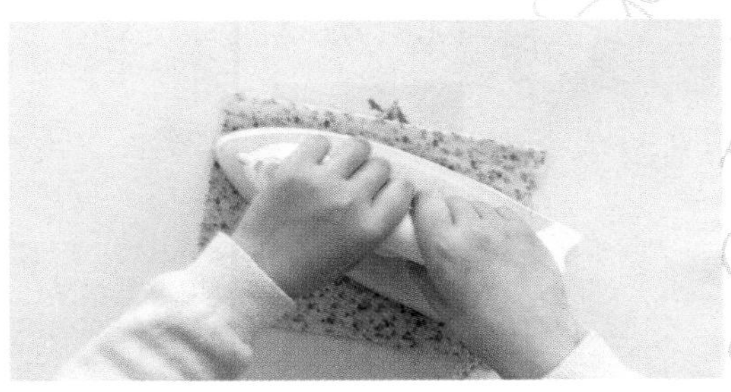

14 卡片上放一层棉布，隔棉布用熨斗将热烫胶膜平整地粘贴在押花画面上，沿卡片剪去多余的胶膜。

15 将覆好膜的押花龙猫卡片放入相框中，押花龙猫画框完成。

图书在版编目（CIP）数据

我的押花日记 / 裴香玉，王琪著. -- 南京 ：江苏凤凰文艺出版社，2019.3
ISBN 978-7-5594-3255-1

Ⅰ. ①我… Ⅱ. ①裴… ②王… Ⅲ. ①干燥－花卉－制作 Ⅳ. ①TS938.99

中国版本图书馆CIP数据核字(2019)第016015号

书　　名	我的押花日记
著　　者	裴香玉 王琪
责任编辑	孙金荣
特约编辑	马婉兰
项目策划	凤凰空间/马婉兰
封面设计	梁雯婷
内文设计	陈凯欣 梁雯婷 陈怡洁
出版发行	江苏凤凰文艺出版社
出版社地址	南京中央路165号，邮编：21009
出版社网址	http://www.jswenyi.com
印　　刷	固安县京平诚乾印刷有限公司
开　　本	710 mm×1 000 mm 1/16
印　　张	9
字　　数	72千字
版　　次	2019年3月第1版 2024年4月第2次印刷
标准书号	ISBN 978-7-5594-3255-1
定　　价	58.00元